工程材料损伤比强度理论

丁发兴　吴　霞　余志武　著

科 学 出 版 社

北　京

内 容 简 介

强度理论是研究复杂应力状态下材料是否破坏的理论，是工程结构强度分析的理论基础。本书综合论述工程材料损伤比强度理论及其参数确定方法，提供了损伤比强度理论推导的过程与通用形式以及损伤比参数的确定方法，给出了围压三轴和二轴受力下损伤比强度理论的简化形式，实现了塑性材料与脆性材料以及古典与现代强度理论的统一。

本书可作为固体力学、工程力学、土木工程和机械工程研究生的入门学习材料。

图书在版编目(CIP)数据

工程材料损伤比强度理论 / 丁发兴，吴霞，余志武著. —北京：科学出版社，2022.5

ISBN 978-7-03-069773-8

Ⅰ. ①工… Ⅱ. ①丁… ②吴… ③余… Ⅲ. ①工程材料-材料强度-研究 Ⅳ. ①TB3

中国版本图书馆 CIP 数据核字（2021）第 187209 号

责任编辑：任加林 / 责任校对：马英菊

责任印制：吕春珉 / 封面设计：耕者设计工作室

科学出版社出版

北京东黄城根北街 16 号

邮政编码：100717

http://www.sciencep.com

北京中科印刷有限公司印刷

科学出版社发行　各地新华书店经销

*

2022 年 5 月第 一 版　开本：B5（720×1000）

2022 年 5 月第一次印刷　印张：7 1/4

字数：145 000

定价：60.00 元

（如有印装质量问题，我社负责调换〈中科〉）

销售部电话 010-62136230　编辑部电话 010-62139281（BA08）

前　言

普通混凝土、再生混凝土、轻骨料混凝土、钢纤维轻骨料混凝土、纤维混凝土等土木工程混凝土类材料在各类工程中被广泛应用；岩石广泛应用于土木、水利、交通等工程；铸铁是常用的工程材料之一，在机械制造中广泛应用。混凝土和岩石的力学性能相似，二者在结构中大多处于多轴复杂应力状态，机械工程中的铸铁主要处于二轴复杂应力状态。

工程材料强度理论是工程结构强度分析的基础理论，在现代建筑、水利、交通、机械、航空等工程中具有重要应用意义。自 20 世纪 70 年代以来，国内外学者基于试验结果提出了众多样式的各类混凝土、各向同性岩石和铸铁强度理论，包括八面体强度理论、双剪强度理论和单剪强度理论等，但现有理论仍有许多不足。

作者 2006 年发现了损伤比参数，将混凝土受压损伤比（$v_{D,c}>0.5$，体积膨胀）和受拉损伤比（$v_{D,t}<0.2$，体积收缩）作为强度准则的两个基本变量，对损伤比强度理论及其应用进行探索和研究。本书内容包括七章。第一章介绍强度理论的必要性及国内外研究现状；第二章介绍损伤比强度理论的基本假定、理论推导、三轴应力状态下损伤比变量基本表达式、围压三轴和二轴应力状态下损伤比强度准则简化表达式；第三至六章分别介绍损伤比强度理论应用于普通混凝土和再生混凝土、轻骨料混凝土和钢纤维轻骨料混凝土、纤维混凝土、各向同性岩石等土木工程材料，根据现有试验结果，推荐损伤比变量表达式中的各类混凝土与各向同性岩石的六经验参数取值，并对各类混凝土和各向同性岩石的损伤比强度准则与现有主要单剪强度准则、八面体强度准则和双剪强度准则等进行比较分析，最后推荐围压三轴和二轴应力状态下损伤比强度准则简化表达式的经验参数取值；第七章介绍损伤比强度理论应用于铸铁材料，推荐铸铁损伤比变量表达式中的三经验参数取值以及二轴应力状态下损伤比强度准则简化表达式的四经验参数取值，根据现有试验结果，将铸铁的简化二轴损伤比强度准则与现有单剪强度理论、八面体强度理论和双剪强度理论等主要强度准则进行比较分析。

本书的研究工作得到国家重点研发计划课题（2017YFC0703404）、国家自然科学基金重点项目（50438020）、国家自然科学基金面上项目（50578162、51978664）、湖南省杰出青年基金（2019JJ20029）以及中南大学创新驱动计划项目的联合资助，特此致谢。

本书大纲的制定和全书的统稿由丁发兴教授、吴霞博士和余志武教授共同负责。损伤比强度理论内容丰富，本书为作者取得的损伤比强度理论成果，以及各类混凝土、各向同性岩石和铸铁等工程材料的压/拉损伤比参数取值确定方法等阶段性研究成果总结，随着课题组研究工作的继续深入，作者期望能进一步推广损伤比强度理论在其他各向同性和正交异性等工程材料中的应用。

由于作者的知识范围和水平有限，书中不当之处在所难免，敬请读者批评指正。

丁发兴　吴霞　余志武

2020 年 12 月

目　　录

第一章 绪 论

1.1 概 述

混凝土材料具有原材料丰富、价格低廉、制作快捷、良好可塑性、高强耐久、性能易调等优点，在土木、水利、交通等工程领域中广泛应用，如房屋建筑、桥梁、混凝土坝、海洋工程、热电站、核电站等。随着混凝土材料技术的发展，再生骨料混凝土、轻骨料混凝土、钢纤维混凝土、钢纤维轻骨料混凝土、钢纤维高性能轻骨料混凝土、聚丙烯纤维混凝土、混杂纤维混凝土以及其他类型混凝土，在工业与民用建筑、抗爆、桥梁、水利等工程中得到应用。岩石作为建筑材料、工业原料、装饰材料等广泛应用于土木、水利、交通等工程领域，是人类应用最早的工程材料之一。铸铁具有成本低廉、生产简单、耐磨性和消震性优良、铸造性能好等优点，是常用的工程材料之一，在机械制造中应用广泛。

土木工程中的各向同性岩石和混凝土的力学性能相似，它们大多处于多轴复杂应力状态，机械工程中的铸铁主要处于二轴复杂应力状态。强度理论是研究复杂应力状态下工程材料是否破坏的理论，是工程结构强度分析的基础，具有重要的理论和工程实践意义。

1.2 强度理论研究现状

早期的古典强度理论对工程材料破坏原因有明确的理论观点，其概念明确，表达式简单，参数少且易于确定，但难以准确反映复杂应力状态下土木工程材料的强度变化规律。18 世纪库仑（Coulomb）提出了适用于砂土的强度理论，此后引领了众多学者对各类土木工程材料强度理论的研究。莫尔-库仑（Mohr-Coulomb）强度理论得到各界广泛认可并大量应用，至今已有上百种基于各向同性假设的强度理论，总体包括八面体强度理论、双剪强度理论、单剪强度理论等理论体系，但现有理论仍存在一定的局限性或缺陷。

1.2.1 古典强度理论

现有研究表明，古典强度理论难以准确反映复杂应力状态下混凝土与各向同性岩石的强度变化规律，古典强度理论主要包括以下四大强度理论[1]。

（1）第一强度理论，又称为最大拉应力理论。该理论适用于脆性材料，仅考虑最大主拉应力对材料破坏的影响，认为材料承受的最大主拉应力达到某一极限值时即发生破坏。

（2）第二强度理论，又称为最大拉应变理论。该理论适用于脆性材料，认为材料所承受的最大主拉应变达到某一极限值时发生破坏。

（3）第三强度理论，又称为最大剪应力理论。该理论适用于低碳钢等塑性材料，认为材料所承受的最大剪应力达到某一极限值时发生塑性流动破坏。

（4）第四强度理论，即 Mises 屈服理论，或称为主应力理论，又称为八面体剪应力理论。该理论适用于塑性材料，认为材料所承受的统计平均剪应力或八面体剪应力达到某一极限值时屈服。

1.2.2 现代强度理论

为方便论述，本书所有涉及强度理论的表达式，应力值统一规定受拉为正、受压为负，拉压子午线定义统一以 $\theta = 0°$时为拉子午线，$\theta = 60°$时为压子午线；双剪强度理论体系中，反映中间主切应力以及相应面上正应力对材料破坏程度的参数 b 统一取为 1；铸铁主要处于二轴应力状态，其强度理论不涉及拉压子午线和偏平面形状的论述。

1. 八面体强度理论

1958 年至今，八面体强度理论[2-32]各主要数学表达式及评述见表 1-1，表中各强度准则的参数量为 3～6。

由表 1-1 可知：

（1）八面体强度理论主要基于大量试验数据而对材料破坏包络面进行数学拟合，或根据材料破坏面几何形状特征给出数学表达式而对其中经验参数进行拟合。

（2）八面体强度理论的强度预测值与试验规律较一致，但缺乏物理意义且大多数八面体强度理论的三维破坏包络面顶点出现尖角。

（3）混凝土八面体强度理论的经验参数确定方法主要有应力特征点法和最小二乘法，前者参数确定简便而后者较为复杂，需根据大量数据拟合确定参数。

（4）各向同性岩石八面体强度理论的经验参数确定方法主要有应力特征点法和最小二乘法以及由岩石软硬程度和破碎程度确定。

表 1-1 八面体强度理论

适用材料	文献	特点	表达式	经验参数数量	经验参数确定方法	特例	偏平面包络线	拉压子午线形状	适用情况
混凝土	Bresler 等[2]	二轴拟合	$\frac{\tau_8}{f_c}=a-b\frac{\sigma_8}{f_c}+c\left(\frac{\sigma_8}{f_c}\right)^2$	3	由单轴抗拉强度f_t、单轴抗压强度f_c、双轴等压强度f_{cc}确定	—	圆形	在横轴压端很低静水压处与横轴相交，两个交点为尖角	适用于二轴受力状态
混凝土	Willam 等[3]	椭圆方程模拟	$\begin{cases}\theta=0^\circ,\ \frac{\tau_8}{f_c}=a_1+b_1\left(\frac{\sigma_8}{f_c}\right)+c_1\left(\frac{\sigma_8}{f_c}\right)^2\\ \theta=60^\circ,\ \frac{\tau_8}{f_c}=a_2+b_2\left(\frac{\sigma_8}{f_c}\right)+c_2\left(\frac{\sigma_8}{f_c}\right)^2\end{cases}$ $\rho(\theta)=\frac{2\rho_c(\rho_c^2-\rho_t^2)\cos\theta+\rho_c(2\rho_t-\rho_c)A}{4(\rho_c^2-\rho_t^2)\cos^2\theta+(2\rho_t-\rho_c)^2}$ $A=\sqrt{4\left(\rho_c^2-\rho_t^2\right)\cos^2\theta+5\rho_t^2-4\rho_t\rho_c}$ 其中$\rho=\sqrt{3}\tau_8$ $\rho(\theta)$为偏平面应力函数， 当$\theta=0^\circ$，$\rho(\theta)=\rho_t$；当$\theta=60^\circ$，$\rho(\theta)=\rho_c$	5	f_t、f_c、f_{cc}、两个高静水压力点和拉压子午线在三轴等拉处相交	$a_0=b_0$、$a_1=b_1=a_2=b_2=0$，为 Mises 理论；$a_0=b_0$、$a_1=b_1$、$a_2=b_2=0$，为 Drucker-Prager 理论；$a_0/b_0=a_1/b_1$、$a_2=b_2=0$，为 Willam-Warnke 三参数准则[4]	光滑外凸的曲边三角形	三参数为斜直线，五参数为曲线（与横轴拉端交点为尖角）	三参数准则适用于低静水压力三轴受力状态；五参数准则适用于较高静水压力三轴受力状态
混凝土	Ottosen[5]	薄膜法模拟	$a\frac{J_2}{f_c^2}+\lambda\frac{\sqrt{J_2}}{f_c}+b\frac{I_1}{f_c}-1=0$ $\begin{cases}\theta\leqslant30^\circ,\ \lambda=k_1\cos\left[\frac{1}{3}\cos(k_2\cos3\theta)^{-1}\right]\\ \theta>30^\circ,\ \lambda=k_1\cos\left[\frac{\pi}{3}-\frac{1}{3}\cos^{-1}(-k_2\cos3\theta)\right]\end{cases}$	4	f_t、f_c、$f_{cc}=1.16f_c$和压子午线上一个三轴受压点	—	由圆形过渡为外凸曲边三角形	与横轴拉端交点为尖角的曲线	三轴应力状态，整体吻合程度良好

续表

适用材料	文献	特点	表达式	经验参数数量	经验参数确定方法	特例	偏平面包络线	拉压子午线形状	适用情况
混凝土	Hsieh 等[4]	极限应变准则	$a\frac{J_2}{f_c^2}+b\frac{\sqrt{J_2}}{f_c}+c\frac{\sigma_1}{f_c}+d\frac{I_1}{f_c}-1=0$	4	f_t、f_c、$f_{cc}=1.15f_c$ 和压子午线上一个三轴受压点	$a=b=d=0$、$c=f_c/f_t$，为 Rankine 理论；$a=c=d=0$，为 Mises 理论；$a=c=0$，为 Drucker-Prager 理论	有尖角的外凸曲边三角形	与横轴拉端交点为尖角的曲线	三轴应力状态，整体吻合程度良好
混凝土	Kotsovos[6]	椭圆组合偏平面和幂函数子午线	$\rho(\theta)$表达式同 Willam-Warnke 准则 $\begin{cases}\theta=0°, & \frac{\tau_8}{f_c}=a(c-\sigma_8/f_c)^b \\ \theta=60°, & \frac{\tau_8}{f_c}=d(c-\sigma_8/f_c)^e\end{cases}$	5	最小二乘法	—	光滑外凸的曲边三角形	光滑曲线	三轴应力状态，整体吻合程度良好
混凝土	Podgorski[7]	基于三种应力张量不变量	$\sigma_8-a+bp\tau_8+c\tau_8^2=0$ $p=\cos\left[\frac{1}{3}\cos^{-1}(\alpha\cos3\theta)-\beta\right]$	5	f_t、f_c、$f_{tt}=f_t$，$f_{cc}=1.1f_c$ 和剪子午线上一个二轴受压点	Tresca 准则、Mohr-Coulomb 准则、Drucker-Prager 准则、Ottosen 准则	光滑外凸的曲边三角形	与横轴拉端交点为尖角的曲线	压子午线在高静水压力下预测值略偏低
混凝土	过镇等[8]	数学公式拟合	$\frac{\tau_8}{f_c}=a\left[\left(b-\frac{\sigma_8}{f_c}\right)\Big/\left(c-\frac{\sigma_8}{f_c}\right)\right]^d$ $c=c_t(\cos1.5\theta)^{1.5}+c_c(\sin1.5\theta)^2$ 当 $\theta=0°$，$c=c_t$；当 $\theta=60°$，$c=c_c$	5	$f_t=0.1f_c$，f_c、$f_{tt}=f_t$、$f_{cc}=1.28f_c$ 和压子午线上一个三轴受压点	—	光滑外凸的曲边三角形	与横轴拉端交点为尖角的曲线	高静水压力下预测值略偏低

续表

适用材料	文献	特点	表达式	经验参数数量	经验参数确定方法	特例	偏平面包络线	拉压子午线形状	适用情况
混凝土	宋玉普等[9-10]	数学公式拟合	$\begin{cases}\theta=0°, & \dfrac{\tau_{8t}}{f_c}=a_1+b_1\sigma_8+c_1\sigma_8^2\\ \theta=60°, & \dfrac{\tau_{8c}}{f_c}=a_2+b_2\sigma_8+c_2\sigma_8^2\end{cases}$ $\tau_8(\theta)=\tau_{8t}\cos^2(3\theta/2)+\tau_{8c}\sin^2(3\theta/2)$ 当$\theta=0°$，$\tau_8(\theta)=\tau_{8t}$；当$\theta=60°$，$\tau_8(\theta)=\tau_{8c}$	6	最小二乘法	—	内凹曲边三角形	与横轴拉端交点为尖角的曲线	三轴应力状态，整体吻合程度良好
钢纤维混凝土	宋玉普等[11]	钢纤维体积率特征参数的函数，最小二乘法确定	$\dfrac{\tau_8}{f_c}=A_{\rho_f}+B_{\rho_f}\left(\dfrac{\sigma_8}{f_c}\right)+C_{\rho_f}\left(\dfrac{\sigma_8}{f_c}\right)^2$ 其中$\begin{cases}A_{\rho_f}=0.046+0.013\lambda_f\\ -B_{\rho_f}=0.68+0.15\lambda_f\\ -C_{\rho_f}=0.038+0.0188\lambda_f\end{cases}$ $\lambda_f=\rho_f l/d$ 钢纤维体积率特征参数$\lambda_f=\rho_f l/d$，ρ_f为钢纤维体积率，l、d分别为钢纤维长度和直径	3	钢纤维体积率特征参数λ_f	—	圆形	与横轴拉端交点为尖角的曲线	三轴应力状态，整体吻合良好
钢纤维混凝土	Noori等[12]、Lu等[13]、Ren等[14]	基于Willam-Warnke准则建立相关准则	$\theta=60°,\dfrac{\tau_8}{f_c}=a+b\left(\dfrac{\sigma_8}{f_c}\right)+c\left(\dfrac{\sigma_8}{f_c}\right)^2$	3	最小二乘法	—	—	曲线	仅适用于围压试验
轻骨料混凝土	宋玉普等[15]	数学模拟	$\begin{cases}\theta=0°, & \dfrac{\tau_{8t}}{f_c}=a_1+b_1\dfrac{\sigma_8}{f_c}+c_1\left(\dfrac{\sigma_8}{f_c}\right)^2\\ \theta=60°, & \dfrac{\tau_{8c}}{f_c}=a_2+b_2\dfrac{\sigma_8}{f_c}+c_2\left(\dfrac{\sigma_8}{f_c}\right)^2\end{cases}$ $\tau_8(\theta)=\tau_{8t}+(\tau_{8c}-\tau_{8t})\sin^3(1.5\theta)$ 当$\theta=0°$，$\tau_8(\theta)=\tau_{8t}$；当$\theta=60°$，$\tau_8(\theta)=\tau_{8c}$	6	最小二乘法	—	外凸曲边三角形	与横轴交点为尖角的闭合曲线	三轴应力状态，整体吻合良好

续表

适用材料	文献	特点	表达式	经验参数数量	经验参数确定方法	特例	偏平面包络线	拉压子午线形状	适用情况
轻骨料混凝土	王立成等[16]	数据模拟	$\rho(\theta)$表达式同 Willam-Warnke 准则 $\begin{cases}\theta=0°, & \dfrac{\tau_{8t}}{f_c}=a+b\left(\dfrac{\sigma_8}{f_c}\right)+c\left(\dfrac{\sigma_8}{f_c}\right)^2 \\ \theta=60°, & \dfrac{\tau_{8c}}{f_c}=k\left[a+b\left(\dfrac{\sigma_8}{f_c}\right)+c\left(\dfrac{\sigma_8}{f_c}\right)^2\right]\end{cases}$ 当 $\theta=0°$，$\tau_8(\theta)=\tau_{8t}$；当 $\theta=60°$，$\tau_8(\theta)=\tau_{8c}$	4	特征应力点法（f_t、f_c、f_{cc}和子午线与受压静水应力轴的交点）或最小二乘法	—	外凸曲边三角形	与横轴交点为尖角的闭合曲线	特征应力点法和最小二乘法相比较，后者整体吻合良好
轻骨料混凝土	Wang 等[17]	数学模拟	$\rho(\theta)$表达式同 Willam-Warnke 准则 $\begin{cases}\theta=0°, & \dfrac{\tau_{8t}}{f_c}=a+b\left(\dfrac{\sigma_8}{f_c}\right)+c\left(\dfrac{\sigma_8}{f_c}\right)^2+d\left(\dfrac{\sigma_8}{f_c}\right)^3+e\left(\dfrac{\sigma_8}{f_c}\right)^4 \\ \theta=60°, & \dfrac{\tau_{8c}}{f_c}=k\left[a+b\left(\dfrac{\sigma_8}{f_c}\right)+c\left(\dfrac{\sigma_8}{f_c}\right)^2+d\left(\dfrac{\sigma_8}{f_c}\right)^3+e\left(\dfrac{\sigma_8}{f_c}\right)^4\right]\end{cases}$ 当 $\theta=0°$，$\tau_8(\theta)=\tau_{8t}$；$\theta=60°$，$\tau_8(\theta)=\tau_{8c}$	6	最小二乘法	—	外凸曲边三角形	与横轴交点为尖角的闭合曲线	三轴应力状态，整体吻合良好
轻骨料混凝土	叶艳霞等[18]	数学模拟	$\rho(\theta)$表达式同 Willam-Warnke 准则 $\begin{cases}\theta=0°, & \left(\dfrac{\tau_{8t}}{f_c}\right)^2=a+b\left(\dfrac{\sigma_8}{f_c}\right)+c\left(\dfrac{\sigma_8}{f_c}\right)^2+d\left(\dfrac{\sigma_8}{f_c}\right)^3+e\left(\dfrac{\sigma_8}{f_c}\right)^4 \\ \theta=60°, & \left(\dfrac{\tau_{8c}}{f_c}\right)^2=k\left[a+b\left(\dfrac{\sigma_8}{f_c}\right)+c\left(\dfrac{\sigma_8}{f_c}\right)^2+d\left(\dfrac{\sigma_8}{f_c}\right)^3+e\left(\dfrac{\sigma_8}{f_c}\right)^4\right]\end{cases}$ 当 $\theta=0°$，$\tau_8(\theta)=\tau_{8t}$；$\theta=60°$，$\tau_8(\theta)=\tau_{8c}$	6	最小二乘法	—	外凸曲边三角形	与横轴有两个交点的光滑闭合曲线	三轴应力状态，整体吻合良好
钢纤维轻骨料混凝土	宋玉普[19]	钢纤维含量特征参数的函数，最小二乘法确定	$\dfrac{\tau_8}{f_c}=A_{\rho_f}+B_{\rho_f}\left(\dfrac{\sigma_8}{f_c}\right)+C_{\rho_f}\left(\dfrac{\sigma_8}{f_c}\right)^2$ 其中$\begin{cases}A_{\rho_f}=0.104+0.043\lambda_f \\ -B_{\rho_f}=0.651+0.331\lambda_f \\ -C_{\rho_f}=0.205+0.137\lambda_f\end{cases}$ $\lambda_f=\rho_f l/d$	3	钢纤维含量特征参数λ_f	—	圆形	与横轴拉端交点为尖角的曲线	三轴应力状态，整体吻合良好

续表

适用材料	文献	特点	表达式	经验参数数量	经验参数确定方法	特例	偏平面包络线	拉压子午线形状	适用情况
钢纤维轻骨料混凝土	宋玉普[19]	钢纤维含量特征参数的函数，最小二乘法确定	钢纤维含量特征参数$\lambda_f=\rho_f l/d$，ρ_f为钢纤维体积率，l、d分别为钢纤维长度和直径	3	钢纤维含量特征参数λ_f	—	圆形	与横轴拉端交点为尖角的曲线	三轴应力状态，整体吻合良好
各向同性岩石	Drucker 等[20]	数学公式拟合	$F=\sqrt{J_2}-\alpha I_1=C$	2	f_t、f_c	$\alpha=0$，为 Mises 屈服准则	圆形	斜直线	对于f_c>100 MPa岩石，压子午线吻合良好
各向同性岩石	Mogi[21-22]	数学公式拟合	$\tau_8=a(\sigma_1+\sigma_3)^n$	2	最小二乘法	—	内凹曲边三角形	与横轴拉端交点为尖角的曲线	三轴应力状态，整体吻合良好
各向同性岩石	Argyris 等[23]和 Gudehus[24]	光滑曲线拟合	$F=a\sigma_8+b+\dfrac{\tau_8}{g(\theta)}=0$ $g(\theta)$为 π 平面上的形状函数， $g(\theta)=\dfrac{2k}{(1+k)+(1-k)\cos 3\theta}$	3	f_t、f_c、f_{cc}	—	光滑曲边三角形由外凸转为内凹	斜直线	适用于f_c>100 MPa岩石三轴应力状态
各向同性岩石	史述昭等[25]	光滑曲线拟合	$F=a\sigma_8^2+b\sigma_8+c+\left(\dfrac{\tau_8}{g(\theta)}\right)^2=0$ $g(\theta)=\dfrac{2}{[(1+k)+1.125(1-k)^2]+[(1-k)-1.125(1-k)^2]\cos 3\theta}$	4	f_t、f_c、f_{cc}、内摩擦角	—	光滑外凸曲边三角形	光滑曲线	三轴应力状态，整体吻合良好

续表

适用材料	文献	特点	表达式	经验参数数量	经验参数确定方法	特例	偏平面包络线	拉压子午线形状	适用情况
各向同性岩石	Kim 等[26]	对 Lade 准则（适用于土）进行修改	$(I_1^3/I_3-27)(I_1/p_a)^m=\eta$ 考虑岩石的黏聚力和抗拉强度，转换公式为 $\begin{cases}\bar{\sigma}_1=\sigma_1+a\cdot p_a\\ \bar{\sigma}_2=\sigma_2+a\cdot p_a\\ \bar{\sigma}_3=\sigma_3+a\cdot p_a\end{cases}$ σ_1、σ_2、σ_3 为转换应力	3	最小二乘法	a=0，为 Lade 准则 a=0、m=0，为 Lade-Duncan 准则	光滑曲边三角形	与横轴拉端交点为尖角的曲线	三轴应力状态，整体吻合良好
各向同性岩石	Aubertin[27]	结合 Mises-Schleicher 和 Drucker-Prager 准则	$F=\sqrt{J_2}-F_0F_\pi=0$ $\begin{cases}F_0=[\alpha^2(I_1^2-2a_1I_1)+a_2^2]^{1/2}\\ F_\pi=\dfrac{b}{[b^2+(1-b^2)\cos^2(1.5\theta)]^{1/2}}\end{cases}$	4	b 取 0.7~1，常取 0.75；α 由初始内摩擦角确定；a_1 和 a_2 由 f_t、f_c 确定	b=0.75 时，低静水压力下为 Mises-Schleicher 准则；b=1 时，高静压力下为 Drucker-Prager 准则	b<1 时，为光滑曲边三角形；b=1 时，为圆形	光滑曲线	三轴应力状态，整体吻合良好
各向同性岩石	Pariseau[28]	量纲一的幂律函数	$\dfrac{\tau_8}{\tau_8^0}=\left(1-\dfrac{\sigma_8}{\sigma_8^0}\right)^{1/n}$ $\tau_8^0=B^{1/n}\quad \sigma_8^0=-B/A$	3	A、B 由 f_t、f_c 和 n 表示，n 取 0~2	n=1、A=0，为 Mises 准则；n=1，为 Drucker-Prager 准则	圆形	n=1 斜直线；n>1 光滑曲线	压子午线吻合良好
各向同性岩石	Pan 等[29]	对 Hoek-Brown 准则进行修正	$\dfrac{9}{2}\dfrac{\tau_8^2}{f_c^2}+\dfrac{3}{2\sqrt{2}}m\dfrac{\tau_8}{f_c}+m\dfrac{\sigma_8}{f_c}=s$	2	分别由岩石软硬程度和岩石破碎程度而定	—	圆形	与横轴拉端交点为尖角的曲线	整体吻合程度较差

续表

适用材料	文献	特点	表达式	经验参数数量	经验参数确定方法	特例	偏平面包络线	拉压子午线形状	适用情况
各向同性岩石	Zhang等[30]	对Hoek-Brown准则进行修正	$\frac{9}{2}\frac{\tau_8^2}{f_c^2}+\frac{3}{2\sqrt{2}}m\frac{\tau_8}{f_c}+m\frac{\sigma_{13}}{f_c}=s$	2	分别由岩石软硬程度和岩石破碎程度而定	—	有尖角的内凹曲边三角形	与横轴拉端交点为尖角的曲线	三轴应力状态，整体吻合良好
各向同性岩石	姜华[31]	对Hoek-Brown准则进行修正	$\frac{9}{2}\frac{\tau_8^2}{f_c^2}+\sqrt{2}\cos(\theta)m\frac{\tau_8}{f_c}+m\frac{\sigma_8}{f_c}=s$	2	分别由岩石软硬程度和岩石破碎程度而定	—	外凸曲边三角形	与横轴拉端交点为尖角的曲线	三轴应力状态，整体吻合良好
铸铁	姜华[32]	歪形比位能的极限值是球张量的函数	$\tau_8^2=a+b\sigma_8$	2	f_t、f_c	—	—	—	适用于二轴受拉和二轴拉压应力状态
铸铁	皮萨林科等[32]	考虑摩擦力和颗粒间结合力	$\tau_8=a(b+\sigma_8)$	2	f_t、f_c	—	—	—	适用于二轴受拉和二轴拉压应力状态

2. 双剪强度理论

俞茂宏双剪强度理论提出双剪单元体力学模型，考虑了作用于双剪单元体上的全部应力分量及其对材料破坏的不同影响方式，认为当作用于双剪单元体上的两个较大切应力及其相应面上的正应力影响函数到达某一极限时材料破坏[33-41]。双剪强度理论可适用于混凝土、岩土、铸铁、钢材等多种工程材料，在国际上影响力较大。基于双剪单元体力学模型，建立了轻骨料混凝土、各向同性岩石和铸铁等材料相关强度准则[42-45]，各参数双剪强度准则数学表达式及评述见表 1-2。

由表 1-2 可知：

（1）双剪强度准则的经验参数主要由应力特征点法确定。

（2）混凝土双剪强度理论始于二参数而终于五参数，包括线性和非线性子午线，偏平面为六边形或十二边形，其破坏包络面由 6 个或 12 个平面（二参数和三参数）或曲面（四参数和五参数）相交组成。

（3）各向同性岩石双剪强度准则由二参数或三参数组成，三参数非线性双剪强度准则中经验参数由单轴抗拉、单轴抗压强度和最小二乘法迭代确定，破坏面由 6 个或 12 个曲面相交组成。

（4）双剪强度理论的包络面相交处都不光滑，且顶点有尖角，各参数物理意义不明确且不具备唯一性，是双剪理论基础上的破坏包络面数学拟合。

3. 单剪强度理论

单剪强度理论[12-14，46-49]形式简单，得到各界广泛认可并大量应用，各向同性岩石强度理论主要采用 Mohr-Coulomb 强度理论和 Hoek-Brown 强度理论。Mohr-Coulomb 单剪强度理论认为，最大剪应力和相应剪切面上的正应力共同导致材料破坏，适用于单轴抗拉强度与单轴抗压强度不相等的脆性材料。Noori 等[12]、Lu 等[13]和 Ren 等[14]以 Mohr-Coulomb 一参数强度准则和幂律二参数强度准则为数学模型，提出适用于钢纤维混凝土的围压三轴破坏准则，Paul 铸铁强度准则[47]是对二轴拉压应力状态下 Mohr-Coulomb 强度准则的部分修正。各准则评述见表 1-3。

由表 1-3 可知：

（1）单剪强度理论的经验参数确定方法由应力特征点、最小二乘法以及由岩石软硬程度和破碎程度确定。

（2）单剪强度理论的特征是未考虑中间主应力的影响，真三轴理论值偏低，不适用于真三轴应力状态。

（3）单剪强度理论的偏平面为六边形，其破坏包络面由 6 个平面或曲面相交组成，相交处不光滑，且大多数单剪强度理论破坏包络面顶点出现尖角。

表 1-2　双剪强度理论

适用材料	文献	特点	表达式	经验参数数量	经验参数确定方法	特例	偏平面包络线	拉压子午线形状	适用情况
混凝土	俞茂宏等[33-41]	双剪单元体	$\begin{cases} F=\tau_{13}+b\tau_{12}+\beta(\sigma_{13}+b\sigma_{12})+A_1\sigma_8+B_1\sigma_8^2=C \\ (F \geqslant F') \\ F'=\tau_{13}+b\tau_{23}+\beta(\sigma_{13}+b\sigma_{23})+A_2\sigma_8+B_2\sigma_8^2=C \\ (F<F') \end{cases}$ 式（1-1）	5	f_t、f_c、f_{cc}、拉压子午线上各一点高静水压力点和拉压子午线在三轴等拉处相交	b=1，为双剪五参数准则；A_1=A_2=A、B_1=B_2=B，为静水应力敏感型四参数统一强度理论	b=1，六边形；0< b <1，十二边形	与横轴拉端交点为尖角的曲线	高静水压力下预测值明显偏低
			四参数双剪强度准则表达形式同式（1-1），其中A_1=A_2=A，B_1=B_2=B（静水应力敏感型）。四参数强度准则还可表示为剪应力敏感型	4	f_t、f_c、f_{cc}和剪切强度 τ_b	b=1，为静水应力敏感型双剪四参数准则；B=0，为考虑静水应力下的三参数统一强度理论	b=1，六边形；0< b <1，十二边形	与横轴拉端交点为尖角的曲线	高静水压力下预测值明显偏低
			三参数双剪强度准则表达形式同式（1-1），其中 B=0（考虑静水应力情况下）。三参数双剪强度准则还可表示为正应力影响参数 $\beta_1 \neq \beta_2$ 情况	3	f_c、f_{cc}、f_t或拉压子午线上一点	b=1，为考虑静水应力时双剪三参数准则；A=0 为统一强度理论	b=1，六边形；0< b <1，十二边形	斜直线	适用于低静水压力下三轴应力状态
			两参数双剪强度准则表达形式同式（1-1），其中 A=0	2	f_t、f_c	b=1，为广义双剪强度理论；b=0，为 Mohr-Coulomb理论；α=f_t/f_c=1，为统一屈服准则；α=1、b=0，为 Tresca 理论；α=0，为 Rankine 理论；α=2v、b=1，v 为泊松比，为 Mariotte 理论；0<α<1、0< b <1，为系列强度准则	b=1，六边形；0< b <1，十二边形	斜直线	适用于低静水压力下三轴应力状态

续表

适用材料	文献	特点	表达式	经验参数数量	经验参数确定方法	特例	偏平面包络线	拉压子午线形状	适用情况
轻骨料混凝土	Wang[42]	五参数双剪强度准则	$\begin{cases} F=\tau_{13}+b\tau_{12}+\beta(\sigma_{13}+b\sigma_{12})+A_1\sigma_8+B_1\sigma_8^2=C \\ (F\geqslant F') \\ F'=\tau_{13}+b\tau_{23}+\beta(\sigma_{13}+b\sigma_{23})+A_2\sigma_8+B_2\sigma_8^2=C \\ (F<F') \end{cases}$	5	f_t、f_c、f_{cc}和拉、压子午线与静水应力轴的两个交点	b=1，为任远-余振鹏准则[43]	b=1，六边形；0< b <1，十二边形	与横轴交点为尖角的闭合曲线	洛德（Lode）角较小时吻合较好，较大时吻合程度降低
各向同性岩石	Yu 等[36]	两参数双剪强度准则	$\begin{cases} F=\tau_{13}+b\tau_{12}+\beta(\sigma_{13}+b\sigma_{12})=C\ (F\geqslant F') \\ F'=\tau_{13}+b\tau_{23}+\beta(\sigma_{13}+b\sigma_{23})=C\ (F<F') \end{cases}$	2	f_t、f_c	b=1，六边形；0< b <1，十二边形	b=1，六边形；0< b <1，十二边形	斜直线	适用于 f_c> 100 MPa 岩石三轴应力状态
各向同性岩石	俞茂宏等[38]	三参数双剪强度准则	$\begin{cases} F=\tau_{13}+b\tau_{12}+\beta(\sigma_{13}+b\sigma_{12})+A\sigma_8=C\ (F\geqslant F') \\ F'=\tau_{13}+b\tau_{23}+\beta(\sigma_{13}+b\sigma_{23})+A\sigma_8=C\ (F<F') \end{cases}$	3	f_c、f_{cc}、f_t或拉压子午线上一点	b=1，六边形；0< b <1，十二边形	b=1，六边形；0< b <1，十二边形	斜直线	适用于 f_c> 100 MPa 岩石三轴应力状态
各向同性岩石	昝月稳等[44-45]	三参数非线性双剪强度准则	$\begin{cases} F=\tau_{13}+b\tau_{12}+\left[A\dfrac{(b\sigma_2+\sigma_3)}{1+b}+C\right]^{\beta}=0\ (\tau_{12}\geqslant\tau_{23}) \\ F'=\tau_{13}+b\tau_{12}+[A\sigma_3+C]^{\beta}=0\quad(\tau_{12}<\tau_{23}) \end{cases}$	3	f_t、f_c、最小二乘法迭代	b=1，为广义非线性双剪强度理论；b=0，为完整岩石的广义 Hoek-Brown 准则；β=0.5，为非线性统一强度理论[45]；β=0.5、b=1，为非线性双剪强度理论；n=2、b=0，为完整岩石的 Hoek-Brown 准则；β=0、σ_c=σ_t=σ_s，为统一屈服准则；β=1，为统一强度理论	b=0，同 Hoek-Brown 准则；b=1，曲边六边形；0< b <1，曲边十二边形	β=1，斜直线；0<β<1，与横轴拉端交点为尖角的曲线	整体吻合较好

续表

适用材料	文献	特点	表达式	经验参数数量	经验参数确定方法	特例	偏平面包络线	拉压子午线形状	适用情况
铸铁	俞茂宏等[41]	两参数双剪强度准则	$\begin{cases}F=\tau_{13}+\tau_{12}+\beta(\sigma_{13}+\sigma_{12})=C\ (F\geqslant F')\\F'=\tau_{13}+\tau_{23}+\beta(\sigma_{13}+\sigma_{23})=C\ (F<F')\end{cases}$	2	f_t、f_c	—	—	—	适用于二轴拉压应力状态

表 1-3　单剪强度理论

适用材料	文献	特点	表达式	经验参数数量	经验参数确定方法	特例	偏平面包络线	拉压子午线形状	适用情况
钢纤维混凝土	Noori 等[12]、Lu 等[13]、Ren 等[14]	基于 Mohr-Coulomb 准则建立相关准则	$\theta=60°,\ \dfrac{\sigma_3}{f_c}=-1+a\dfrac{\sigma_1}{f_c}$	1	最小二乘法	—	—	直线	仅适用于围压三轴试验
钢纤维混凝土	Noori 等[12]、Ren 等[14]	基于幂律准则建立相关准则	$\theta=60°,\ \dfrac{\sigma_3}{f_c}=-1+a\left(-\dfrac{\sigma_1}{f_c}\right)^b$	2	最小二乘法	—	—	曲线	仅适用于围压试验
各向同性岩石、铸铁	Mohr-Coulomb[46]	Mohr 应力圆	$F=\sigma_1-\alpha\sigma_3=f_t$	1	f_c	α=1，为 Tresca 准则	六边形	斜直线	适用于 f_c>100 MPa 岩石围压三轴应力状态；铸铁吻合度较差
各向同性岩石	Griffith[48]	裂缝扩展导致破坏	$\tau_{13}^2=A\sigma_{13}$ $A=-4f_t$	1	f_c	—	六边形	光滑曲线	压应力区预测值较低
各向同性岩石	Hoek-Brown[49]	围压三轴压缩试验数据拟合	$\sigma_1-\sigma_3=f_c\left(-m\dfrac{\sigma_1}{f_c}+s\right)^{0.5}$	2	分别由岩石软硬程度和岩石破碎程度而定	—	六边形	与横轴拉端交点为尖角的曲线	适用于围压三轴应力状态
铸铁	Pual[47]	基于 Mohr-Coulomb 准则修正	二轴受拉和受压部分：$F=\sigma_1-\alpha\sigma_3=f_t$ 二轴拉压部分： $\begin{cases}F=\sigma_1=f_t & \left(\sigma_3>f_t\left(2.04-\dfrac{1}{\alpha}\right)\right)\\F=\alpha(2.04\sigma_1-\sigma_3)=f_t & \left(\sigma_3<f_t\left(2.04-\dfrac{1}{\alpha}\right)\right)\end{cases}$	2	f_t、f_c	—	—	—	适用于二轴拉压应力状态

1.3　本书的目的和内容

1.3.1　目的

两百多年来人们对工程材料破坏提出了上述各种强度理论，但这些理论仅描述了试验破坏的规律，不能解释复杂受力下材料破坏的物理和力学机理。本书作者发现工程材料非弹性阶段的受拉（或压）损伤比参数，将受压损伤比和受拉损伤比作为强度准则的两个基本变量，基于损伤力学和最小耗能原理，建立损伤比强度理论的通用表达式以及围压三轴和二轴应力状态下损伤比强度准则简化表达式，揭示了损伤比取值决定材料发生脆性或塑性破坏；根据各类工程材料破坏包络面特征，以及受压损伤比 $v_{D,\mathrm{c}}$ 一般大于 0.5 使得工程材料体积与破坏面膨胀且受偏平面角和静水压力影响，而受拉损伤比 $v_{D,\mathrm{t}}$ 小于 0.2 使得体积与破坏面收缩的规律，提出损伤比变表达式并推荐各类混凝土、各向同性岩石与铸铁等工程材料的六个经验参数取值；最后推荐围压三轴损伤比强度准则简化表达式的一经验参数取值和二轴损伤比强度准则简化表达式的四经验参数取值。

1.3.2　内容

本书主要论述作者在损伤比强度理论及其在各类混凝土、各向同性岩石以及铸铁等工程材料应用方面取得的研究成果，具体内容包括以下几个方面。

（1）介绍各类混凝土、各向同性岩石和铸铁等工程材料强度理论研究的必要性及国内外研究现状。

（2）介绍损伤比强度理论的基本假定、理论推导、三轴应力状态下损伤比强度理论通用表达式、损伤比变量表达式以及围压和二轴应力状态下损伤比强度准则简化表达式。

（3）对普通混凝土和再生混凝土损伤比强度准则进行研究，确定损伤比变量表达式的六个经验参数，对损伤比强度准则和现有各八面体强度准则和双剪强度准则进行比较分析，提出围压三轴和二轴应力状态下损伤比强度准则简化表达式的经验参数。

（4）对轻骨料混凝土和钢纤维轻骨料混凝土损伤比强度准则进行研究，确定损伤比变量表达式的六个经验参数，对损伤比强度准则和现有各八面体强度准则和双剪强度准则进行比较分析，提出围压三轴和二轴应力状态下损伤比强度准则简化表达式的经验参数。

（5）对纤维混凝土损伤比强度准则进行研究，确定损伤比变量表达式的六个经验参数，对损伤比强度准则和现有各八面体强度准则和单剪强度准则进行比较分析，提出围压三轴和二轴应力状态下损伤比强度准则简化表达式的经验参数。

（6）对各向同性岩石损伤比强度准则进行研究，确定损伤比变量表达式的六个经验参数，对损伤比强度准则和现有各八面体强度准则、双剪强度准则和单剪强度准则进行比较分析，提出围压三轴和二轴应力状态下损伤比强度准则简化表达式的经验参数。

（7）对铸铁二轴损伤比强度准则进行研究，确定损伤比变量表达式的三个经验参数，提出简化损伤比强度准则表达式的四个经验参数，对简化二轴损伤比强度准则和现有各八面体强度准则、双剪强度准则和单剪强度准则进行比较分析。

参 考 文 献

[1] 过镇海．混凝土的强度和变形：试验基础和本构关系[M]．北京：清华大学出版社，1997.

[2] BRESLER B，PISTER K S. Strength of concrete under combined stresses[J]．Journal Proceedings，1958，55（9）：321-345.

[3] WILLAM K J，WARNKE E P. Constitutive model for the triaxial behaviour of concrete [C]//Proceedings of the International Association for Bridge and Structural Engineering，Zurich：ETH-Bibliothek，1974，19：1-30.

[4] HSIEH S S，TING E C，CHEN W F. A plastic-fracture model for concrete[J]. International Journal of Solids and Structures，1982，18（3）：181-197.

[5] OTTOSEN N S. A failure criterion for concrete[J]. Journal of Engineering Mechanics Division，1977，103（4）：527-535.

[6] KOTSOVOS M D. A mathematical description of the strength properties of concrete under generalized stress[J]．Magazine of Concrete Research，1979，31（108）：151-158.

[7] PODGORSKI J. General failure criterion for isotropic media[J]．Journal of Engineering Mechanics，1985，111（2）：188-201.

[8] 过镇海，王传志．多轴应力下混凝土的强度和破坏准则研究[J]．土木工程学报，1991，24（3）：1-14.

[9] 宋玉普，赵国藩，彭放，等．多轴应力下多种混凝土材料的通用破坏准则[J]．土木工程学报，1996，29（1）：25-32.

[10] 宋玉普，赵国藩，彭放．三轴加载下混凝土的变形和强度[J]．水利学报，1991（12）：17-24.

[11] 宋玉普，赵国藩，彭放，等．三向应力状态下钢纤维混凝土的强度特性及破坏准则[J]．土木工程学报，1994，27（3）：14-23.

[12] NOORI A，SHEKARCHI M，MORADIAN M，et al. Behavior of steel fiber-reinforced cementitious mortar and high-performance concrete in triaxial loading[J]．ACI Materials Journal，2015，112（1）：95-103.

[13] LU X B，HSU C T T. Behavior of high strength concrete with and without steel fiber reinforcement in triaxial compression[J]．Cement and Concrete Research，2006，36（9）：1679-1685.

[14] REN G M，WU H，FANG Q，et al. Triaxial compressive behavior of UHPCC and applications in the

projectile impact analyses[J]. Construction and Building Materials，2016，113：1-14.

[15] 宋玉普，赵国藩，彭放，等. 三轴受压状态下轻骨料混凝土的强度特性[J]. 水利学报，1993（6）：10-16.

[16] 王立成，宋玉普. 一个针对轻骨料混凝土的四参数多轴强度准则[J]. 土木工程学报，2005，38（7）：27-33.

[17] WANG W Z，CHEN Y J，CHEN F Y. An egg shaped failure criterion for lightweight aggregate concrete[J]. Advanced Materials Research，2011，250-253：2085-2088.

[18] 叶艳霞，张志银，刘月，等. 基于弹头型屈服的轻骨料混凝土强度准则[J]. 工程力学，2019，36（1）：138-145.

[19] 宋玉普. 多种混凝土材料的本构关系和破坏准则[M]. 北京：中国水利水电出版社，2002.

[20] DRUCKER D C，PRAGER W. Soil mechanics and plastic analysis or limit design [J]. Quarterly of Applied Mathematics，1952，10（2）：157-165.

[21] MOGI K. Fracture and flow of rocks under high triaxial compression [J]. Journal Geophysical Research Atmospheres，1971，76：1255-1269.

[22] MOGI K. Effect of the intermediate principal stress on rock failure [J]. Journal Geophysical Research Atmospheres，1967，72：5117-5131.

[23] ARGYRIS J H，FAUST G，SZIMMAT J，et al. Recent developments in the finite element analysis of prestressed concrete reactor vessels[J]. Nuclear Engineering and Design，1974，28（1）：42-75.

[24] GUDEHUS G. Elastoplastiche Stoffgleichungen für trockenen Sand [J]. Archive of Applied Mechanics，1973，42（3）：151-169.

[25] 史述昭，杨光华. 岩体常用屈服函数的改进[J]. 岩土工程学报，1987，9（4）：60-69.

[26] KIM M K，LADE P V. Modelling rock strength in three dimensions [J]. International Journal of Rock Mechanics and Mining Sciences and Geomechanics Abstracts，1984，21（1）：21-33.

[27] AUBERTIN M，LI L，SIMON R，et al. Formulation and application of a short-term strength criterion for isotropic rocks [J]. Canadian Geotechnical Journal，1999，36（5）：947-960.

[28] PARISEAU W G. On the significance of dimensionless failure criteria [J]. International Journal of Rock Mechanics and Mining Sciences and Geomechanics Abstracts，1994，31（5）：555-560.

[29] RAN X D，HUDSON J A. A simplified three dimensional Hoek-Brown yield criterion[C]//International Society for Rock Mechanics and Rock Engineering，ISRM International Symposium，Madrid，1988：ISRM-IS-1988-011.

[30] ZHANG L Y，ZHU H H. Three-dimensional hoek-brown strength criterion for rocks [J]. Journal of Geotechnical and Geoenvironmental Engineering，2007，133（9）：1128-1135.

[31] 姜华. 一种简便的岩石三维 Hoek-Brown 强度准则[J]. 岩石力学与工程学报，2015，34（S1）：2996-3004.

[32] 皮萨林科 Г С，列别捷夫 A A. 复杂应力状态下的材料变形与强度[M]. 江明行，译. 北京：科学出版社，1983.

[33] 俞茂宏. 混凝土强度理论及其应用[M]. 北京：高等教育出版社，2002.

[34] YU M H，HE L N. A new model and theory on yield and failure of materials under the complex stress

state[M]// Proceedings of the Six International Conference，Mechanical Behaviour of Materials 6. Oxford：Pergamon Press，1991.

[35] YU M H. Twin shear stress yield criterion[J]. International Journal of Mechanical Sciences，1983，25（1）：71-74.

[36] YU M H，HE L N，SONG L Y. Twin shear stress theory and its generalization[J]. Science in China（Series A），1985，28（11）：1174-1183.

[37] 俞茂宏，刘凤羽. 广义双剪应力准则角隅模型[J]. 力学学报，1990，22（2）：213-216.

[38] 俞茂宏，刘凤羽. 双剪应力三参数准则及其角隅模型[J]. 土木工程学报，1988，21（3）：90-95.

[39] 俞茂宏，刘凤羽，刘锋，等. 一个新的普遍形式的强度理论[J]. 土木工程学报，1990，23（1）：34-40.

[40] YU M H，LIU F Y，LI Y，et al. Twin shear stress five-parameter criterion and its smooth ridge model[J]. International Academic Publishers，1989，1：244-248.

[41] 俞茂宏，何丽南，宋凌宇. 双剪应力强度理论及其推广[J]. 中国科学（A 辑），1985（12）：1113-1120.

[42] WANG L C. Multi-axial strength criterion of lightweight aggregate（LWA）concrete under the unified twin-shear strength theory[J]. Structure Engineering and Mechanics，2012，41（4）：495-508.

[43] REN Y，YU Z P，HUANG Q，et al. Constitutive model and failure criterions for lightweight aggregate concrete：A true triaxial experimental test[J]. Construction and Building Materials，2018，171：759-769.

[44] 昝月稳，俞茂宏. 岩石广义非线性统一强度理论[J]. 西南交通大学学报，2013，48（4）：616-624.

[45] 昝月稳，俞茂宏，王思敬. 岩石的非线性统一强度准则[J]. 岩石力学与工程学报，2002，21（10）：1435-1441.

[46] MOHR O. Welche Umstände bedingen die Elastizitätsgrenze und den Bruch eines Materials[J]. Zeitschrift des Vereins Deutscher Ingenieure，1900，44（45）：1524-1530.

[47] PAUL B. A modification of the Coulomb-Mohr theory of fracture[J]. ASME Journal of Applied Mechanics，1961，28（2）：259-268.

[48] GRIFFITH J E，BALDWIN W M. Failure theories for generally orthotropic materials [J]. Developments of Theory and Application Mechanics，1962，1：410-420.

[49] HOEK E，BROWN E T. Empirical strength criterion for rock masses [J]. Journal of the Geotechnical Engineering Division，1980，106（9）：1013-1035.

第二章　损伤比强度理论基本原理

2.1　概　　述

当前材料力学中，用来描述材料基本性能指标的两个参数分别为弹性模量和泊松比，这两个参数主要用来描述材料弹性阶段的性能，在弹塑性阶段分别称为切线模量（或割线模量）和横向变形系数。自2006年以来，作者观察到拉/压状态下混凝土横向变形系数不一致，混凝土体积膨胀导致破坏面膨胀，而体积收缩导致破坏面收缩，由此形成受拉端破坏面闭合而受压端破坏面开口的形状特征与试验所得混凝土三轴破坏包络面接近，基于此本章主要构思如下：

（1）提出两个基本假定，由此得到材料非弹性阶段的损伤比参数，应用损伤力学理论和最小耗能原理，建立损伤比强度准则的通用形式并揭示破坏机理。

（2）提出考虑Lode角θ和静水压力对受压损伤比$v_{D,\mathrm{c}}$的共同影响，以及材料类型对受拉损伤比$v_{D,\mathrm{t}}$影响的六经验参数损伤比变量基本表达式。

（3）建立简化的一经验参数围压三轴损伤比强度准则表达式和四经验参数二轴损伤比强度准则表达式。

2.2　基 本 假 定

（1）应力作用下材料总应变分为弹性应变和非弹性应变两个部分，即

$$\varepsilon=\varepsilon_{\mathrm{e}}+\varepsilon_{\mathrm{I}} \tag{2-1}$$

式中：ε为总应变；ε_{e}为弹性应变；ε_{I}为由损伤引起的非弹性应变。

（2）材料横向变形系数的改变与泊松比和损伤变形系数有关，如图2-1所示，即

$$v\varepsilon=v_0\varepsilon_{\mathrm{e}}+r\varepsilon_{\mathrm{I}} \tag{2-2}$$

式中：v为横向变形系数；v_0为泊松比；r为损伤变形系数，即非弹性应变的横向变形系数。

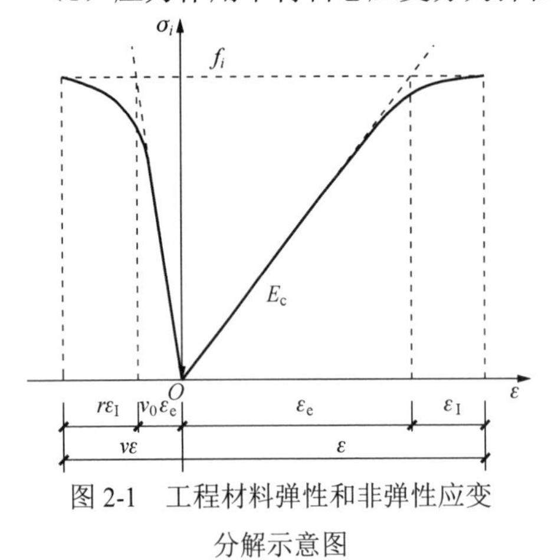

图2-1　工程材料弹性和非弹性应变分解示意图

2.3 理论推导

将材料单轴应力（σ）-应变（ε）曲线表达式写成带损伤变量函数 $g[D(t)]$（简写 g）的形式，则

$$\varepsilon = \frac{\sigma}{g[D(t)]E_{\mathrm{c}}} \tag{2-3}$$

式中：E_{c} 为材料弹性模量；D 为损伤变量；$g[D(t)]$为材料应力-应变曲线上割线模量与弹性模量的比。$g[D(t)]$和 D 都为破坏过程 t 的函数。$g[D(t)]$满足：当 t=0 时，D=0，g=1；当 t=t_{r}时，D=D_{r}；0<t<t_{r}（t_{r} 为临界破坏）时，D 单调递增，g 单调递减且一阶导数不为 0。

根据最小耗能原理[1]，可将材料因荷载因素产生的非弹性主应变 $\varepsilon_{\mathrm{I},i}(t)$（$i$=1,2,3）视为破坏过程中唯一耗能机制，破坏刚开始时刻代表某点材料单元体每个主应力方向的耗能率 $\psi_i(t)|_{t=0}$ 与对应方向的 f_i^2 的比值之和可表示为

$$\sum_{i=1}^{3}\frac{\psi_i(t)}{f_i^2}\Bigg|_{t=0} = \sum_{i=1}^{3}\frac{\sigma_i\dot{\varepsilon}_{\mathrm{I},i}(t)}{f_i^2}\Bigg|_{t=0} \tag{2-4}$$

式中：f_i（i=1,2,3）为单轴应力 σ_i 作用下材料的强度（当 f_i 为压应力时，f_i=f_{c}；当 f_i 为拉应力时，f_i=f_{t}）；σ_i（i=1,2,3）为破坏刚开始时该点的名义主应力；$\dot{\varepsilon}_{\mathrm{I},i}(t)$为 t 时刻非弹性主应变率。

根据基本假定（1），在发生破坏时材料三轴本构关系可表示为

$$\begin{bmatrix}\varepsilon_1\\ \varepsilon_2\\ \varepsilon_3\end{bmatrix} = \frac{1}{E_{\mathrm{c}}}\begin{bmatrix}1 & -v_0 & -v_0\\ -v_0 & 1 & -v_0\\ -v_0 & -v_0 & 1\end{bmatrix}\begin{bmatrix}\sigma_1\\ \sigma_2\\ \sigma_3\end{bmatrix} + \frac{1-g}{gE_{\mathrm{c}}}\begin{bmatrix}1 & -r_2 & -r_3\\ -r_1 & 1 & -r_3\\ -r_1 & -r_2 & 1\end{bmatrix}\begin{bmatrix}\sigma_1\\ \sigma_2\\ \sigma_3\end{bmatrix} \tag{2-5}$$

其中，非弹性主应变为

$$\begin{bmatrix}\varepsilon_{\mathrm{I},1}\\ \varepsilon_{\mathrm{I},2}\\ \varepsilon_{\mathrm{I},3}\end{bmatrix} = \frac{1-g}{gE_{\mathrm{c}}}\begin{bmatrix}1 & -r_2 & -r_3\\ -r_1 & 1 & -r_3\\ -r_1 & -r_2 & 1\end{bmatrix}\begin{bmatrix}\sigma_1\\ \sigma_2\\ \sigma_3\end{bmatrix} \tag{2-6}$$

根据基本假定（2），当发生耗能时非弹性主应变率表示为

$$\begin{cases}\dfrac{\dot{\varepsilon}_{\mathrm{I},1}(t)}{f_1}=\dfrac{-\dot{g}}{g^2E_\mathrm{c}}\left(\dfrac{\sigma_1}{f_1}-r_2\dfrac{\sigma_2}{f_1}-r_3\dfrac{\sigma_3}{f_1}\right)\\ \dfrac{\dot{\varepsilon}_{\mathrm{I},2}(t)}{f_2}=\dfrac{-\dot{g}}{g^2E_\mathrm{c}}\left(\dfrac{\sigma_2}{f_2}-r_1\dfrac{\sigma_1}{f_2}-r_3\dfrac{\sigma_3}{f_2}\right)\\ \dfrac{\dot{\varepsilon}_{\mathrm{I},3}(t)}{f_3}=\dfrac{-\dot{g}}{g^2E_\mathrm{c}}\left(\dfrac{\sigma_3}{f_3}-r_1\dfrac{\sigma_1}{f_3}-r_2\dfrac{\sigma_2}{f_3}\right)\end{cases} \tag{2-7}$$

整理得

$$\begin{cases}\dfrac{\dot{\varepsilon}_{\mathrm{I},1}(t)}{f_1}=\dfrac{-\dot{g}}{g^2E_\mathrm{c}}\left(\dfrac{\sigma_1}{f_1}-v_{D,21}\dfrac{\sigma_2}{f_2}-v_{D,31}\dfrac{\sigma_3}{f_3}\right)\\ \dfrac{\dot{\varepsilon}_{\mathrm{I},2}(t)}{f_2}=\dfrac{-\dot{g}}{g^2E_\mathrm{c}}\left(\dfrac{\sigma_2}{f_2}-v_{D,12}\dfrac{\sigma_1}{f_1}-v_{D,32}\dfrac{\sigma_3}{f_3}\right)\\ \dfrac{\dot{\varepsilon}_{\mathrm{I},3}(t)}{f_3}=\dfrac{-\dot{g}}{g^2E_\mathrm{c}}\left(\dfrac{\sigma_3}{f_3}-v_{D,13}\dfrac{\sigma_1}{f_1}-v_{D,23}\dfrac{\sigma_2}{f_2}\right)\end{cases} \tag{2-8}$$

式中：$\dot{g}$ 为 $g[D(t)]$ 对 t 的导数；$v_{D,ij}$ 为 i 轴对 j 轴（$i\neq j$）的损伤比，损伤比 v_D 定义为该轴对应损伤变形参数 r_i（i=1,2,3）与（压或拉）应力状态下单轴强度 f_i（i=1,2,3）的乘积再与另一轴（压或拉）应力状态的单轴强度 f_j（j=1,2,3）的比值，即

$$v_{D,ij}=r_if_i/f_j \quad (i=1,2,3;\ j=1,2,3; i\neq j) \tag{2-9}$$

因破坏耗能过程不可逆，相应的非弹性应变增加过程也不可逆，故将式（2-8）代入式（2-4），得到破坏开始时该点材料耗能率表达式为

$$\begin{aligned}\sum_{i=1}^{3}\frac{\psi_i(t)}{f_i^2}\bigg|_{t=0}=\frac{-\dot{g}}{g^2E_\mathrm{c}}\bigg[&\frac{\sigma_1^2}{f_1^2}+\frac{\sigma_2^2}{f_2^2}+\frac{\sigma_3^2}{f_3^2}-(v_{D,12}+v_{D,21})\frac{\sigma_1\sigma_2}{f_1f_2}\\&-(v_{D,23}+v_{D,32})\frac{\sigma_2\sigma_3}{f_2f_3}-(v_{D,13}+v_{D,31})\frac{\sigma_1\sigma_3}{f_1f_3}\bigg]\end{aligned} \tag{2-10}$$

设材料三轴强度准则表达式为

$$F(\sigma_1,\sigma_2,\sigma_3)=0 \tag{2-11}$$

以式（2-10）表示的损伤耗能过程中任意时刻 t 都应满足的约束条件，根据最小耗能原理[1]有

$$\frac{\partial\left[\sum_{i=1}^{3}\psi_i(t)/f_i^2\big|_{t=0}+\lambda F\right]}{\partial\sigma_i}=0 \quad (i=1,2,3) \tag{2-12}$$

成立，其中 λ 为拉格朗日（Lagrange）乘子。将式（2-10）代入式（2-12）可得

$$\begin{cases}\dfrac{\partial F}{\partial \sigma_1}=\dfrac{\dot{g}}{g^2E_c\lambda}\left[2\dfrac{\sigma_1}{f_1^2}-(v_{D,12}+v_{D,21})\dfrac{\sigma_2}{f_1f_2}-(v_{D,13}+v_{D,31})\dfrac{\sigma_3}{f_1f_3}\right]\\ \dfrac{\partial F}{\partial \sigma_2}=\dfrac{\dot{g}}{g^2E_c\lambda}\left[2\dfrac{\sigma_2}{f_2^2}-(v_{D,12}+v_{D,21})\dfrac{\sigma_1}{f_1f_2}-(v_{D,23}+v_{D,32})\dfrac{\sigma_3}{f_2f_3}\right]\\ \dfrac{\partial F}{\partial \sigma_3}=\dfrac{\dot{g}}{g^2E_c\lambda}\left[2\dfrac{\sigma_3}{f_3^2}-(v_{D,13}+v_{D,31})\dfrac{\sigma_1}{f_1f_3}-(v_{D,23}+v_{D,32})\dfrac{\sigma_2}{f_2f_3}\right]\end{cases} \tag{2-13}$$

因为

$$\mathrm{d}F(\sigma_1,\sigma_2,\sigma_3)=\frac{\partial F}{\partial \sigma_1}\mathrm{d}\sigma_1+\frac{\partial F}{\partial \sigma_2}\mathrm{d}\sigma_2+\frac{\partial F}{\partial \sigma_3}\mathrm{d}\sigma_3 \tag{2-14}$$

将式（2-13）代入式（2-14），然后积分得

$$\begin{aligned}F(\sigma_1,\sigma_2,\sigma_3)=\frac{\dot{g}}{g^2E_c\lambda}\Bigg[&\frac{\sigma_1^2}{f_1^2}+\frac{\sigma_2^2}{f_2^2}+\frac{\sigma_3^2}{f_3^2}-(v_{D,12}+v_{D,21})\frac{\sigma_1\sigma_2}{f_1f_2}\\ &-(v_{D,23}+v_{D,32})\frac{\sigma_2\sigma_3}{f_2f_3}-(v_{D,13}+v_{D,31})\frac{\sigma_1\sigma_3}{f_1f_3}\Bigg]+C_0\end{aligned} \tag{2-15}$$

由式（2-11）和式（2-15）整理可得

$$\frac{\sigma_1^2}{f_1^2}+\frac{\sigma_2^2}{f_2^2}+\frac{\sigma_3^2}{f_3^2}-(v_{D,12}+v_{D,21})\frac{\sigma_1\sigma_2}{f_1f_2}-(v_{D,23}+v_{D,32})\frac{\sigma_2\sigma_3}{f_2f_3}-(v_{D,13}+v_{D,31})\frac{\sigma_1\sigma_3}{f_1f_3}=C \tag{2-16}$$

其中

$$C=-\lambda E_c g^2 C_0/\dot{g}$$

式中：C_0 为一常数。由单轴拉（或压）可得 C=1，由此得到三轴应力状态下材料损伤比强度准则的一般形式为

$$\frac{\sigma_1^2}{f_1^2}+\frac{\sigma_2^2}{f_2^2}+\frac{\sigma_3^2}{f_3^2}-(v_{D,12}+v_{D,21})\frac{\sigma_1\sigma_2}{f_1f_2}-(v_{D,23}+v_{D,32})\frac{\sigma_2\sigma_3}{f_2f_3}-(v_{D,13}+v_{D,31})\frac{\sigma_1\sigma_3}{f_1f_3}=1 \tag{2-17}$$

通过以上分析，可以得到工程材料破坏机理的认识：材料破坏过程将消耗能量，耗能过程中损伤比参数 v_D 扮演主要角色，决定了材料是否破坏；同时，当损伤比 $v_{D,ij}$=0.5、f_i=f_j 时，式（2-17）简化为 Mises 屈服准则[2]。

针对不同受力状态下工程材料损伤比 v_D 的表示形式，其中 $v_{D,t}$ 为受拉损伤比，$v_{D,c}$ 为受压损伤比，式（2-17）对应各应力空间下损伤比强度准则的主应力形式见表 2-1。

表 2-1　各应力空间下工程材料损伤比强度准则的主应力形式

应力状态	主应力形式
三轴受拉	$\sigma_1^2+\sigma_2^2+\sigma_3^2-2v_{D,\mathrm{t}}(\sigma_1\sigma_2+\sigma_2\sigma_3+\sigma_1\sigma_3)=f_\mathrm{t}^2$
二轴受拉一轴受压	$\frac{\sigma_1^2}{f_\mathrm{t}^2}+\frac{\sigma_2^2}{f_\mathrm{t}^2}+\frac{\sigma_3^2}{f_\mathrm{c}^2}-\left[2v_{D,\mathrm{t}}\frac{\sigma_1\sigma_2}{f_\mathrm{t}^2}+(v_{D,\mathrm{c}}+v_{D,\mathrm{t}})\frac{\sigma_1\sigma_3}{f_\mathrm{t}f_\mathrm{c}}+(v_{D,\mathrm{c}}+v_{D,\mathrm{t}})\frac{\sigma_2\sigma_3}{f_\mathrm{t}f_\mathrm{c}}\right]=1$
一轴受拉二轴受压	$\frac{\sigma_1^2}{f_\mathrm{t}^2}+\frac{\sigma_2^2}{f_\mathrm{c}^2}+\frac{\sigma_3^2}{f_\mathrm{c}^2}-\left[(v_{D,\mathrm{c}}+v_{D,\mathrm{t}})\frac{\sigma_1\sigma_2}{f_\mathrm{t}f_\mathrm{c}}+2v_{D,\mathrm{c}}\frac{\sigma_2\sigma_3}{f_\mathrm{c}^2}+(v_{D,\mathrm{c}}+v_{D,\mathrm{t}})\frac{\sigma_1\sigma_3}{f_\mathrm{t}f_\mathrm{c}}\right]=1$
三轴受压	$\sigma_1^2+\sigma_2^2+\sigma_3^2-2v_{D,\mathrm{c}}(\sigma_1\sigma_2+\sigma_2\sigma_3+\sigma_1\sigma_3)=f_\mathrm{c}^2$

2.4　强度准则及其参数

2.4.1　拉/压子午线

根据 1.2.2 节的应力值统一规定，八面体应力 σ_8、τ_8 及 θ 与主应力的关系如下：

$$\begin{cases}\sigma_8=\dfrac{1}{3}(\sigma_1+\sigma_2+\sigma_3)\\ \tau_8=\dfrac{1}{3}\sqrt{(\sigma_1-\sigma_2)^2+(\sigma_2-\sigma_3)^2+(\sigma_3-\sigma_1)^2}\\ \cos\theta=\dfrac{2\sigma_1-\sigma_2-\sigma_3}{3\sqrt{2}\tau_8}\end{cases}\tag{2-18}$$

当材料处于三轴受压或三轴受拉时，式（2-17）简写为八面体应力形式，即

$$(3v_D+3)\frac{\tau_8^2}{f_i^2}-(6v_D-3)\frac{\sigma_8^2}{f_i^2}=1\tag{2-19}$$

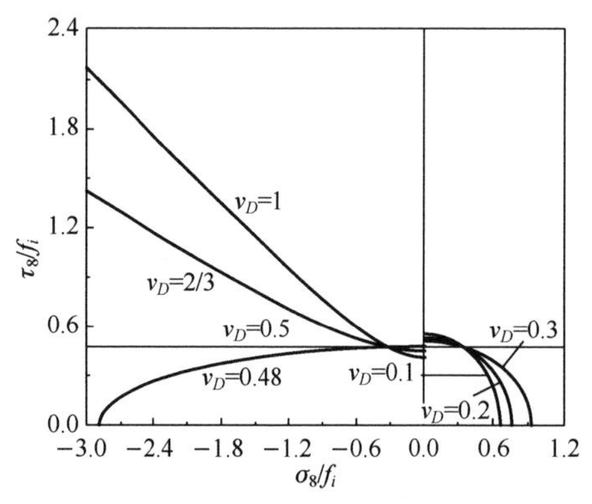

图 2-2　不同损伤比 v_D 对子午线的影响规律

图 2-2 为以式（2-19）表示的不同损伤比 v_D 对子午线的影响规律，随着 v_D 的增大，子午线由椭圆过渡到直线，再过渡到双曲线。该规律与混凝土和各向同性岩石在三轴受压与受拉应力空间时的子午线强度规律有某种程度的相似，因此可作为该类材料强度准则的基本表达式。

2.4.2　损伤比变量表达式

通过对国内外混凝土和各向同性岩石等工程材料多轴试验结果及其破坏包络面的分析，损伤比 v_D 与 Lode 角 θ 和静水压力有关，考虑 θ 能很好地反映 Lode 角对子午线强度规律的影响，考虑静水压力影响后，可实现子午线和偏平面的外凸特性。为接近混凝土和各向同性岩石等工程材料三维破坏包络面的特征，本书提出考虑 Lode 角 θ 和静水压力对受压损伤比 $v_{D,\mathrm{c}}$ 共同影响，以及考虑受拉损伤比 $v_{D,\mathrm{t}}$ 影响的六经验参数损伤比变量表达式，即

$$\begin{cases} v_{D,\mathrm{c}} = \left(a_1 \dfrac{\sigma_8}{f_\mathrm{c}} + a_2\right)\cos(a_3\theta) + \left(a_4 \dfrac{\sigma_8}{f_\mathrm{c}} + a_5\right)\left(\dfrac{\theta}{\pi}\right)^2 \\ v_{D,\mathrm{t}} = a_6 \end{cases} \tag{2-20}$$

式中：a_1～a_6 为经验参数。

根据损伤比强度准则式（2-17）形成的包络面要求，针对各类混凝土和各向同性岩石，各经验参数的选取应满足以下条件：①偏平面外凸；②双轴抗压强度取值合理；③破坏包络面与试验数据吻合较好；④根据基本假定（1）和（2），a_6 由单轴受拉应力-应变测试曲线作图选取。

由于工程中的铸铁主要处于二轴应力状态，损伤比变量表达式（2-20）中仅考虑 Lode 角 θ 对受压损伤比 $v_{D,\mathrm{c}}$ 的影响，根据损伤比强度准则式（2-17）形成的包络线要求，针对铸铁各经验参数的选取应满足以下条件：①双轴抗压强度值合理；②破坏包络线与二轴试验数据吻合较好；③根据基本假定（1）和（2），a_6 由单轴受拉应力-应变测试曲线作图选取。

2.4.3　围压三轴损伤比强度准则简化

围压三轴受力状态下（$\sigma_1=\sigma_2\geqslant\sigma_3$），将 $\sigma_1=\sigma_2$ 代入表 2-1 中的第四个表达式，可得

$$\frac{\sigma_3}{f_\mathrm{c}} = 2v_{D,\mathrm{c}}\frac{\sigma_1}{f_\mathrm{c}} - \sqrt{4\left(v_{D,\mathrm{c}}\frac{\sigma_1}{f_\mathrm{c}}\right)^2 + 2v_{D,\mathrm{c}}\left(\frac{\sigma_1}{f_\mathrm{c}}\right)^2 - 2\left(\frac{\sigma_1}{f_\mathrm{c}}\right)^2 + 1} \tag{2-21}$$

式（2-21）可进一步简化为包含一个经验参数的围压三轴损伤比强度准则，即

$$\frac{\sigma_3}{f_\mathrm{c}} = -1 + b_1\frac{\sigma_1}{f_\mathrm{c}} \tag{2-22}$$

式中：b_1 为经验参数，即侧压系数。式（2-22）的形式同 Mohr-Coulomb 强度准则[3]。

2.4.4　二轴损伤比强度准则简化

当材料处于二轴受力状态时，前述损伤比强度准则可简写并进一步简化为包

含四个经验参数的损伤比强度准则二轴形式，其表达式见表2-2。表2-2中c_1～c_4为经验参数。c_1为2倍单轴受拉损伤比（即$c_1=2v_{D,t}$）；c_2为使简化二轴损伤比强度准则包络线光滑外凸，并与三轴强度准则的二轴形式接近而选定；c_3为2倍双轴等压损伤比（即$c_3=2v_{D,c}^{b}$）；针对各类混凝土和铸铁，c_4为2倍单轴受压损伤比取值减去c_3（即$c_4=2v_{D,c}^{u}-c_3$）；由于各向同性岩石三轴强度准则的二轴形式以及二轴强度试验数据分布规律过于饱满外凸，其经验参数c_4取值要大于2倍单轴受压损伤比取值减去c_3（即$c_4>2v_{D,c}^{u}-c_3$）。

表2-2　二轴应力下损伤比强度准则的表达式及简化形式

应力状态	三轴强度准则的二轴形式	简化的二轴强度准则
二轴受拉	$\frac{\sigma_1^2}{f_t^2}+\frac{\sigma_2^2}{f_t^2}-2v_{D,t}\frac{\sigma_1\sigma_2}{f_t^2}=1$	$\frac{\sigma_1^2}{f_t^2}+\frac{\sigma_2^2}{f_t^2}-c_1\frac{\sigma_1\sigma_2}{f_t^2}=1$
二轴拉压	$\frac{\sigma_1^2}{f_t^2}+\frac{\sigma_3^2}{f_c^2}-(v_{D,c}+v_{D,t})\frac{\sigma_1\sigma_3}{f_t f_c}=1$	$\frac{\sigma_1^2}{f_t^2}+\frac{\sigma_3^2}{f_c^2}-c_2\frac{\sigma_1\sigma_3}{f_t f_c}=1$
二轴受压	$\frac{\sigma_2^2}{f_c^2}+\frac{\sigma_3^2}{f_c^2}-2v_{D,c}\frac{\sigma_2\sigma_3}{f_c^2}=1$	$\frac{\sigma_2^2}{f_c^2}+\frac{\sigma_3^2}{f_c^2}-\left[c_3+c_4\left(\frac{\sigma_2-\sigma_3}{\sigma_2+\sigma_3}\right)^2\right]\frac{\sigma_2\sigma_3}{f_c^2}=1$

小　　结

（1）基于两个基本假定，发现了工程材料非弹性阶段的拉/压损伤比参数，应用损伤力学理论和最小耗能原理，根据材料单元体的耗能率受到强度准则的约束，建立了损伤比三轴强度准则的通用形式并揭示了破坏机理，指出损伤比是决定材料是否破坏的关键。

（2）提出了考虑Lode角θ和静水压力对受压损伤比$v_{D,c}$共同影响，以及受拉损伤比$v_{D,t}$影响的六经验参数损伤比变量表达式，建立了简化的一经验参数围压三轴损伤比强度准则和四经验参数二轴损伤比强度准则表达式。

参 考 文 献

[1] 周筑宝．最小耗能原理及其应用：材料的破坏理论、本构关系理论及变分原理[M]．北京：科学出版社，2001.

[2] 过镇海．混凝土的强度和变形：试验基础和本构关系[M]．北京：清华大学出版社，1997.

[3] MOHR O．Welche Umstände bedingen die Elastizitätsgrenze und den Bruch eines Materials[J]．Zeitschrift des Vereins Deutscher Ingenieure，1900，44（45）：1524-1530.

第三章　普通混凝土和再生混凝土损伤比强度准则

3.1　概　　述

迄今为止，众多国内外学者开展了混凝土三轴强度试验[1-11]，根据国内外混凝土三轴强度的大量试验结果，混凝土破坏包络面的几何形状具有如下特征[12-14]：①曲面连续、光滑、外凸；②对静水应力轴三折对称；③在静水应力轴的拉端封闭，顶点为三轴等拉应力状态，压端开口，不与静水压力轴相交；④子午线上各点的八面体剪应力随八面体正应力的代数值的减小而单调增大，但斜率逐渐减小，有极限值；⑤偏平面的封闭曲线三折对称，其形状随静水应力或八面体正应力值的减小，由近似三角形逐渐外凸饱满过渡为圆形。此外已有试验表明，量纲一时再生混凝土的破坏包络面[15-20]与普通混凝土的破坏包络面基本一致。

本书作者首先将损伤比强度理论应用于普通混凝土和再生混凝土，主要工作如下：

（1）确定普通混凝土和再生混凝土损伤比变量表达式的经验参数取值，以确保损伤比强度准则的破坏包络面接近普通混凝土和再生混凝土试验结果。

（2）根据已有试验结果，对本书作者的损伤比强度准则和已有学者的各类混凝土强度准则进行比较分析。

（3）确定围压三轴和二轴应力状态下普通混凝土和再生混凝土损伤比强度准则简化表达式的经验参数取值。

3.2　损伤比变量

3.2.1　经验参数与破坏包络面

通过对普通混凝土和再生混凝土三轴强度试验资料[1-11，15-20]的分析，本书作者建议损伤比变量表达式（2-20）中各经验参数取值见表 3-1。根据六参数损伤比变量表达式，由表 3-1 所形成的普通混凝土和再生混凝土损伤比强度准则的三维破坏包络面如图 3-1 所示。

表 3-1　损伤比变量各经验参数取值

经验参数	a_1	a_2	a_3	a_4	a_5	a_6
取值	0.007	0.7	1.5	0.18	9.9	0.15

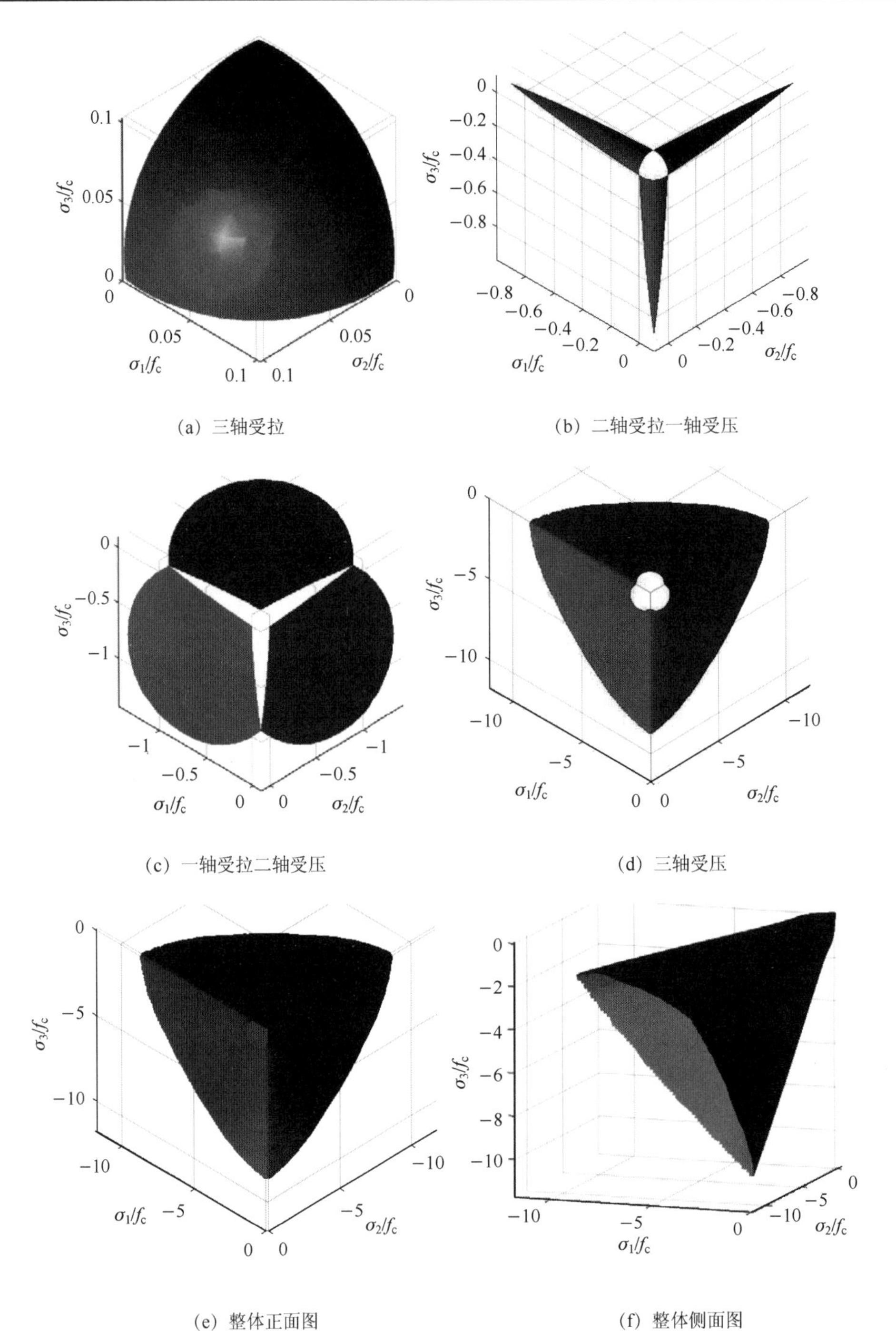

(a) 三轴受拉　　(b) 二轴受拉一轴受压

(c) 一轴受拉二轴受压　　(d) 三轴受压

(e) 整体正面图　　(f) 整体侧面图

图 3-1　普通/再生混凝土损伤比强度准则对应的三维破坏包络面

3.2.2　损伤比变量验证

为验证表 3-1 中各经验参数取值在损伤比变量表达式（2-20）中应用的合理性，同时考虑到试验过程中应力测试比较精确而应变测试误差较大，作者选取部分试验结果对典型应力状态下普通混凝土损伤比取值进行比较，如图 3-2 所示。

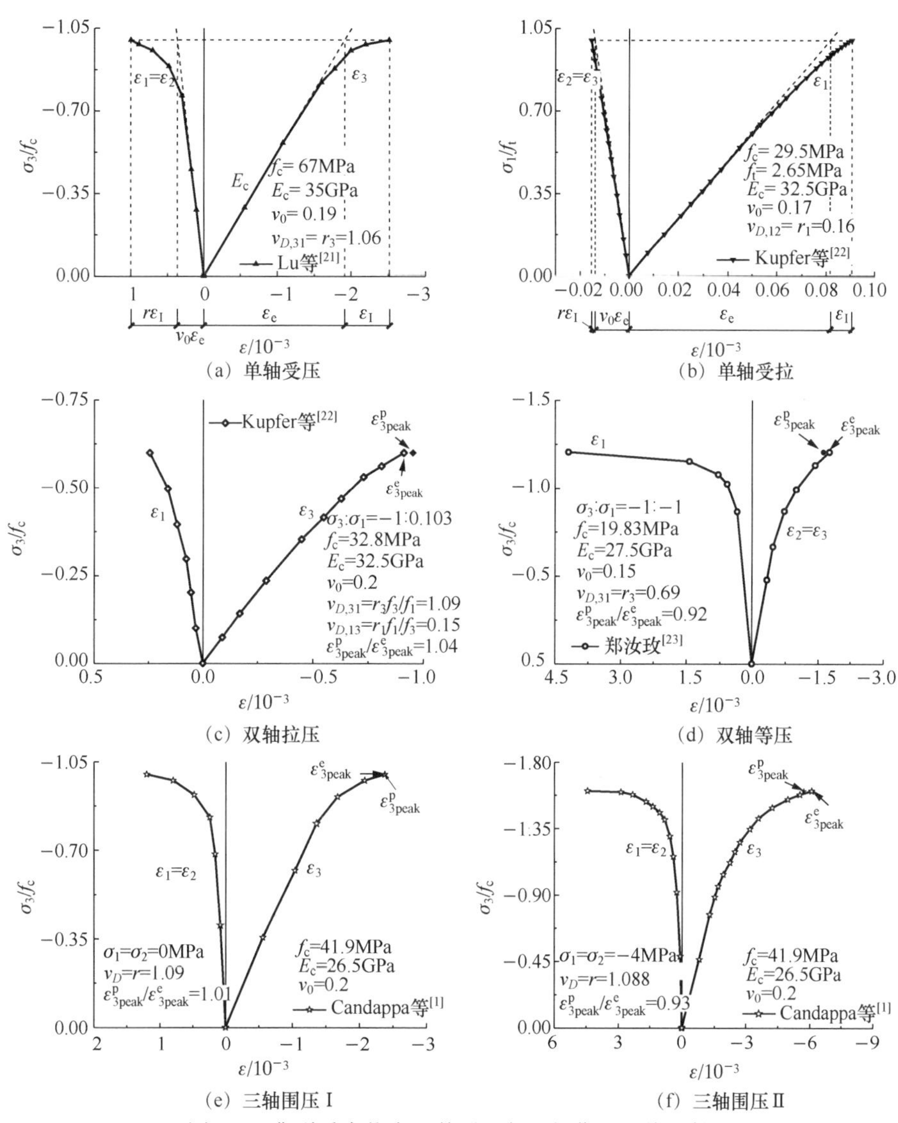

图 3-2　典型受力状态下普通混凝土损伤比取值比较

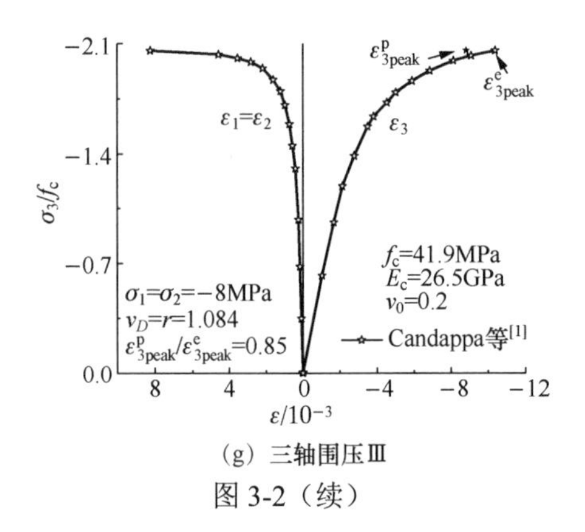

（g）三轴围压Ⅲ

图 3-2（续）

由图 3-2 可以看出：

（1）单轴受力状态时，可根据第二章的基本假定（1）和（2）直接计算得到受压、受拉损伤比，由 Lu 等[21]单轴受压应力-应变测试曲线，图 3-2（a）作图可得 $v_{D,c}$=1.06，而表 3-1 所示六经验参数下损伤比变量表达式（2-20）计算所得单轴受压损伤比为 1.09；由 Kupfer 等[22]单轴受拉应力-应变测试曲线，图 3-2（b）作图可得 $v_{D,t}$=0.16，而表 3-1 所示 a_6 经验参数下损伤比变量表达式（2-20）提供的单轴受拉损伤比为 0.15。

（2）二轴和三轴受力状态时[1，22-23]，根据给定应力状态时的受压、受拉损伤比表达式（2-20）确定取值和最大主应力轴（1 轴）峰值应变测试结果已知的前提下，由混凝土本构关系表达式（2-5）计算得到最小主应力轴（3 轴）的峰值应变，将峰值应变计算结果（ε^p_{3peak}）与试验结果（ε^e_{3peak}）进行比较，间接推定其损伤比取值的合理性，由图 3-2（c）～（g）可见，两者误差在 15%以内。

3.3　损伤比强度准则

3.3.1　损伤比强度准则验证

为分析普通混凝土和再生混凝土损伤比强度准则的破坏包络面规律与精度，本书作者收集了国内外共 381 组三轴应力状态下的普通与高强混凝土多轴强度的试验资料[1-11]和 130 组三轴受压应力状态下再生骨料混凝土试验资料[15-20]，损伤比强度准则对应的拉压子午线、围压三轴（$\sigma_1=\sigma_2\geqslant\sigma_3$）强度预测值与试验值的比较如图 3-3 所示，混凝土对应的偏平面规律比较如图 3-4 所示。

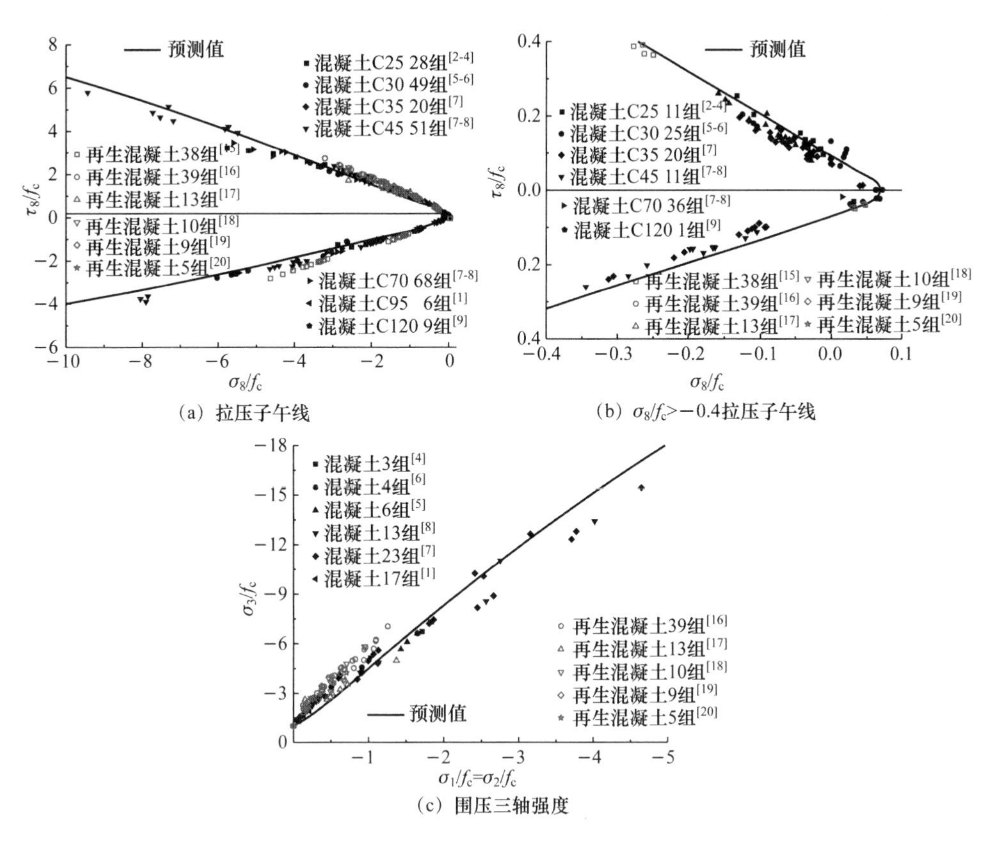

(a) 拉压子午线　　(b) $\sigma_8/f_c>-0.4$拉压子午线

(c) 围压三轴强度

图 3-3　普通混凝土和再生混凝土损伤比强度准则下拉压子午线与围压强度预测值和试验值比较

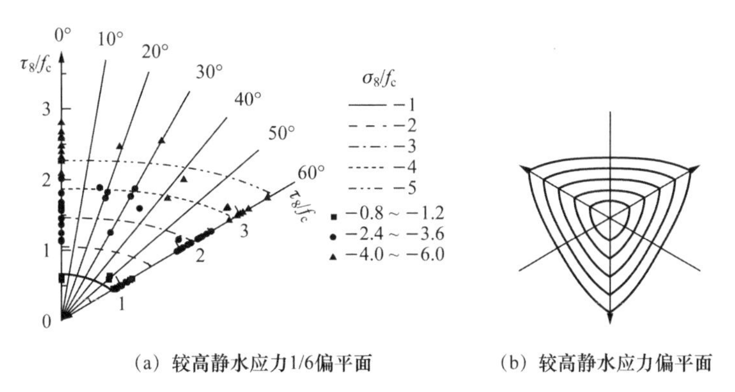

(a) 较高静水应力1/6偏平面　　(b) 较高静水应力偏平面

图 3-4　混凝土损伤比强度准则下偏平面规律比较

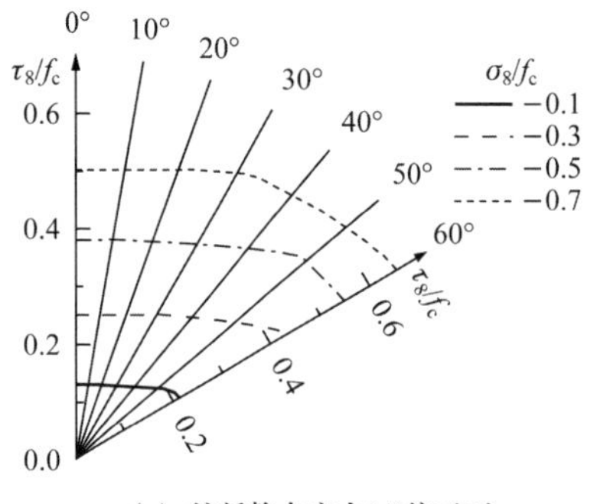

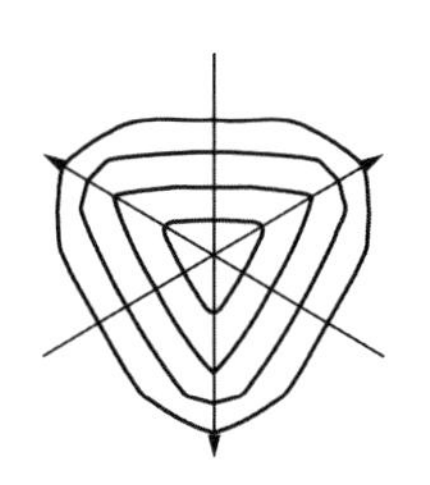

（c）较低静水应力1/6偏平面　　（d）较低静水应力偏平面

图 3-4（续）

由图 3-3 和图 3-4 可以看出：

（1）普通混凝土和再生混凝土处于真三轴受压应力状态时，考虑 Lode 角 θ 和静水压力对 v_D 影响的六参数混凝土损伤比强度准则预测值在较高静水压力时其包络面有收拢趋势，偏平面外凸，破坏面整体上与三轴试验数据变化规律基本一致。

（2）普通混凝土和再生混凝土处于围压三轴应力状态时，六参数混凝土损伤比强度准则预测值与围压三轴应力试验值变化规律较一致。

（3）普通混凝土和再生混凝土处于三轴拉压及三轴受拉等其他应力状态下时，损伤比强度准则预测值与混凝土试验值规律也基本一致，总体上破坏包络面光滑、连续、外凸。

普通混凝土和再生骨料混凝土损伤比强度准则精度比较见表 3-2。普通混凝土试验资料（381 组，$\sigma_8/f_c>-9.43$）和再生混凝土试验资料（130 组，$\sigma_8/f_c>-4.63$）采用八面体剪应力进行比较，均值和离散系数的比较均采用试验值与预测值的比值。由表 3-2 可见各再生骨料取代率下再生混凝土损伤比强度准则的均值相对于普通混凝土的均值略高。普通混凝土均值为 1.020，离散系数为 0.132，再生混凝土均值为 1.166，离散系数为 0.108。

表 3-2　损伤比强度准则精度比较

材料类型	再生骨料取代率/%	组数	均值	离散系数
普通混凝土	0	381	1.020	0.132
再生混凝土	30	24	1.177	0.097
	50	15	1.139	0.119
	60	4	1.113	0.104
	70	22	1.139	0.118
	100	65	1.180	0.104
	30～100	130	1.166	0.108

3.3.2　各强度准则比较

本书对混凝土六参数损伤比强度准则与各知名八面体强度准则[24-30]以及双剪强度准则[31-34]进行比较分析，各准则中经验参数交代如下：

（1）双剪强度准则中反映中间主切应力以及相应面上正应力对材料破坏程度的参数 b 取为 1。

（2）各准则中的参数取值方法为数据拟合时，则统一用本书收集的各文献中拉压子午线上试验数据对该准则的参数进行拟合而确定，各经验参数取值见表 3-3，此时有明显缺陷，即准则不能退化到单轴应力状态，且在双轴应力时准则计算值可能不合理。

（3）参数取值方法为特征应力点法时，采用过镇海[12]建议的强度特征值，即单轴抗压强度 f_c、单轴抗拉强度 $f_t=0.1f_c$、二轴等压强度 $f_{cc}=1.28f_c$、三轴等拉强度 $f_{ttt}=0.9f_t$ 以及高静水压情况：$\sigma_8/f_c=-4$，$\tau_8=2.7$，$\theta=60°$。准则中只有 3 个或 4 个经验参数的，选前 3 个或前 4 个特征强度值，若准则已有规定的特征值或参数则取原建议值。

表 3-3　各混凝土强度准则表达式及经验参数取值方法

强度理论形式	强度准则	表达式	经验参数数量	经验参数确定方法
八面体剪应力理论	Willam 等[24]	$\begin{cases}\theta=0°,\ \dfrac{\tau_8}{f_c}=a_1+b_1\left(\dfrac{\sigma_8}{f_c}\right)+c_1\left(\dfrac{\sigma_8}{f_c}\right)^2\\ \theta=60°,\ \dfrac{\tau_8}{f_c}=a_2+b_2\left(\dfrac{\sigma_8}{f_c}\right)+c_2\left(\dfrac{\sigma_8}{f_c}\right)^2\end{cases}$ $\rho(\theta)=\dfrac{2\rho_c(\rho_c^2-\rho_t^2)\cos\theta+\rho_c(2\rho_t-\rho_c)A}{4(\rho_c^2-\rho_t^2)\cos^2\theta+(2\rho_t-\rho_c)^2}$ $A=\sqrt{4\left(\rho_c^2-\rho_t^2\right)\cos^2\theta+5\rho_t^2-4\rho_t\rho_c}$ 其中 $\rho=\sqrt{3}\tau_8$	5	f_t、f_c、f_{cc}、两个高静水压力点和拉压子午线在三轴等拉处相交
	Ottosen[25]	$a\dfrac{J_2}{f_c^2}+\lambda\dfrac{\sqrt{J_2}}{f_c}+b\dfrac{I_1}{f_c}-1=0$ $\begin{cases}\theta\leqslant 30°,\ \lambda=k_1\cos\left[\dfrac{1}{3}\cos(k_2\cos 3\theta)^{-1}\right]\\ \theta>30°,\ \lambda=k_1\cos\left[\dfrac{\pi}{3}-\dfrac{1}{3}\cos^{-1}(-k_2\cos 3\theta)\right]\end{cases}$	4	f_t、f_c、$f_{cc}=1.16f_c$ 和压子午线上一个三轴受压点
	Hsieh 等[26]	$a\dfrac{J_2}{f_c^2}+b\dfrac{\sqrt{J_2}}{f_c}+c\dfrac{\sigma_1}{f_c}+d\dfrac{I_1}{f_c}-1=0$	4	f_t、f_c、$f_{cc}=1.15f_c$ 和压子午线上一个三轴受压点
	Kotsovos[27]	$\rho(\theta)$表达式同 Willam 等[24] $\begin{cases}\theta=0°,\ \dfrac{\tau_8}{f_c}=a\left(c-\dfrac{\sigma_8}{f_c}\right)^b\\ \theta=60°,\ \dfrac{\tau_8}{f_c}=d\left(c-\dfrac{\sigma_8}{f_c}\right)^e\end{cases}$	5	最小二乘法 (a=0.594；b=0.440；c= 0.040；d= 0.949；e= 0.398)

续表

强度理论形式	强度准则	表达式	经验参数数量	经验参数确定方法
八面体剪应力理论	Podgorski[28]	$\sigma_8 - a + bp\tau_8 + c\tau_8^2 = 0$ $p = \cos\left[\frac{1}{3}\cos^{-1}(a\cos 3\theta) - \beta\right]$	5	f_t、f_c、$f_{ttt}=f_t$、$f_{cc}=-1.1f_c$ 和剪子午线上一个二轴受压点
	过镇海等[29]	$\frac{\tau_8}{f_c} = a\left[\left(b - \frac{\sigma_8}{f_c}\right)\Big/\left(c - \frac{\sigma_8}{f_c}\right)\right]^d$ $c = c_t(\cos 1.5\theta)^{1.5} + c_c(\sin 1.5\theta)^2$	5	$f_t=0.1f_c$、f_c、$f_{ttt}=f_t$、$f_{cc}=1.28f_c$ 和压子午线上一个三轴受压点
	宋玉普等[30]	$\begin{cases}\theta = 0°，\frac{\tau_{8t}}{f_c} = a_1 + b_1\sigma_8 + c_1\sigma_8^2 \\ \theta = 60°，\frac{\tau_{8c}}{f_c} = a_2 + b_2\sigma_8 + c_2\sigma_8^2\end{cases}$ $\tau_8(\theta) = \tau_{8t}\cos^2(3\theta/2) + \tau_{8c}\sin^2(3\theta/2)$	6	最小二乘法（$a_1=0.083$；$b_1=-0.530$；$c_1=-0.009$；$a_2=0.149$；$b_2=-0.774$；$c_2=-0.021$）
双剪强度理论	Yu 等[31]	$\begin{cases}F = \tau_{13} + b\tau_{12} + \beta(\sigma_{13} + b\sigma_{12}) + A_1\sigma_8 + B_1\sigma_8^2 = C，F \geqslant F' \\ F' = \tau_{13} + b\tau_{23} + \beta(\sigma_{13} + b\sigma_{23}) + A_2\sigma_8 + B_2\sigma_8^2 = C，F < F'\end{cases}$	5	f_t、f_c、f_{cc}、拉压子午线上各一点高静水压力点和拉压子午线在三轴等拉处相交
	俞茂宏等[32]	$\begin{cases}F = \tau_{13} + b\tau_{12} + \beta(\sigma_{13} + b\sigma_{12}) + A\sigma_8 + B\sigma_8^2 = C，F \geqslant F' \\ F' = \tau_{13} + b\tau_{23} + \beta(\sigma_{13} + b\sigma_{23}) + A\sigma_8 + B\sigma_8^2 = C，F < F'\end{cases}$	4	f_t、f_c、f_{cc} 和剪切强度 τ_b
	俞茂宏等[33]	$\begin{cases}F = \tau_{13} + b\tau_{12} + \beta(\sigma_{13} + b\sigma_{12}) + A\sigma_8 = C，F \geqslant F' \\ F' = \tau_{13} + b\tau_{23} + \beta(\sigma_{13} + b\sigma_{23}) + A\sigma_8 = C，F < F'\end{cases}$	3	f_c、f_{cc}、f_t 或拉压子午线上一点
	Yu 等[34]	$\begin{cases}F = \tau_{13} + b\tau_{12} + \beta(\sigma_{13} + b\sigma_{12}) = C，F \geqslant F' \\ F' = \tau_{13} + b\tau_{23} + \beta(\sigma_{13} + b\sigma_{23}) = C，F < F'\end{cases}$	2	f_t、f_c

1．拉压子午线

混凝土六参数损伤比强度准则和国内外各混凝土强度准则对应的拉压子午线强度预测值与试验值的比较如图 3-5 所示。

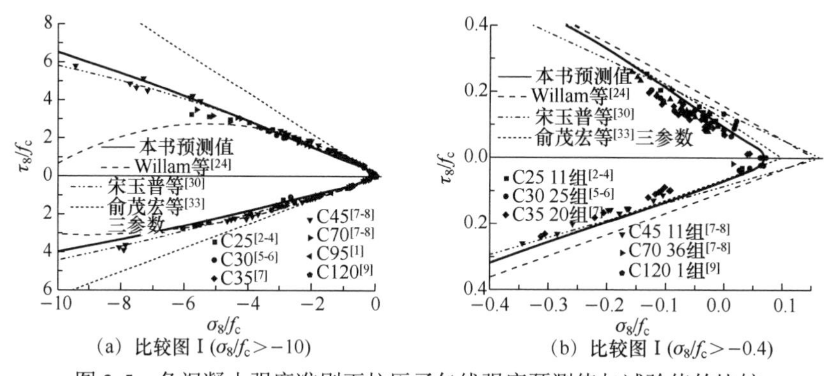

（a）比较图 I（$\sigma_8/f_c > -10$）　　（b）比较图 I（$\sigma_8/f_c > -0.4$）

图 3-5　各混凝土强度准则下拉压子午线强度预测值与试验值的比较

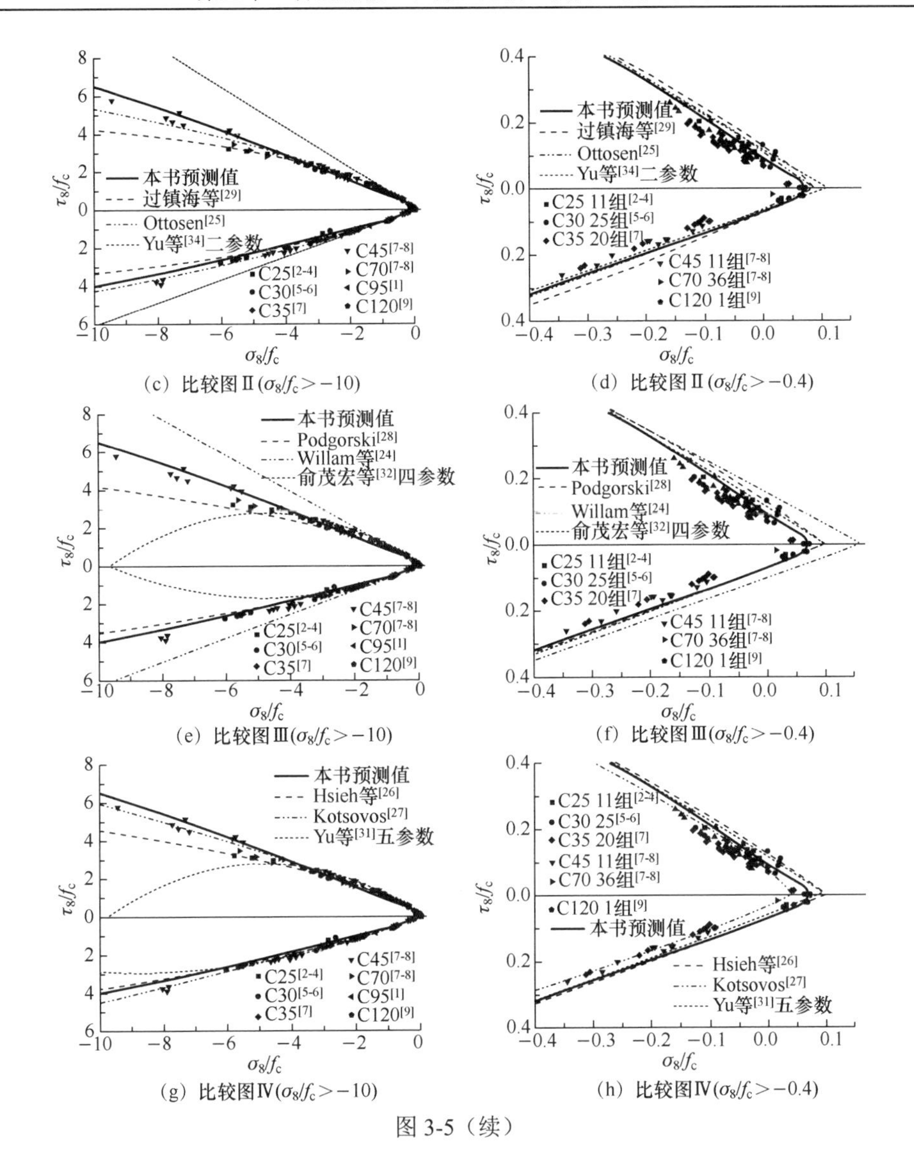

（c）比较图Ⅱ($\sigma_8/f_c>-10$)　（d）比较图Ⅱ($\sigma_8/f_c>-0.4$)

（e）比较图Ⅲ($\sigma_8/f_c>-10$)　（f）比较图Ⅲ($\sigma_8/f_c>-0.4$)

（g）比较图Ⅳ($\sigma_8/f_c>-10$)　（h）比较图Ⅳ($\sigma_8/f_c>-0.4$)

图 3-5（续）

由图 3-5 可知：

（1）Ottosen[25]四参数、Kotsovos[27]五参数以及宋玉普等[30]六参数八面体强度准则和本书建议的六参数损伤比强度准则预测值，与混凝土拉压子午线上的三轴试验数据变化规律较一致，其中 Kotsovos[27]五参数八面体强度准则和宋玉普等[30]六参数八面体强度准则中的参数由数据拟合而定。

（2）当静水应力 $\sigma_8/f_c>-4$ 时，四参数和五参数双剪强度准则[31-32]计算值与混凝土拉压子午线上的三轴试验数据变化规律较一致。

（3）Willam 等[24]三参数八面体强度准则、Yu 等[34]、俞茂宏等[33]二参数和三参数双剪强度准则对应的拉压子午线上的强度预测值偏高。

（4）本书六参数损伤比强度准则和 Kotsovos[27]五参数八面体强度准则的拉压子午线与横轴拉端交点光滑，其余八面体强度准则与双剪强度准则的破坏包络面顶点均出现尖角。

2. 围压三轴强度

六参数损伤比强度准则和国内外各强度准则对应的围压强度预测值与试验值的比较如图 3-6 所示。

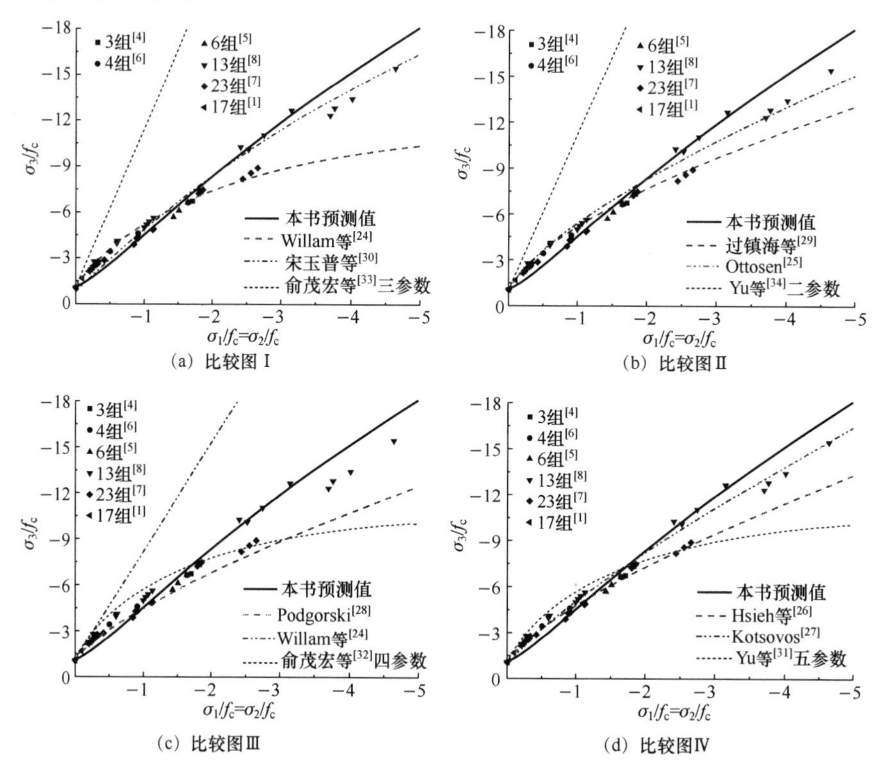

（a）比较图 I　（b）比较图 II　（c）比较图 III　（d）比较图 IV

图 3-6　各混凝土强度准则下围压强度预测值与试验值的比较

由图 3-6 可见：

（1）整体上，Ottosen[25]四参数、Kotsovos[27]五参数以及宋玉普等[30]六参数八面体强度准则和本书作者六参数损伤比强度准则的预测值与混凝土围压三轴强度试验规律较一致。

（2）由于 Kotsovos[27]和宋玉普等[30]的强度准则中的参数是由数据拟合而定，两者的围压三轴强度预测规律不能退化到单轴受压情况（$\sigma_1=\sigma_2=0$，$\sigma_3=-f_c$）。

（3）Willam 等[24]三参数、Yu 等[34]、俞茂宏等[33]二参数和三参数双剪强度准则的围压三轴强度预测值整体偏高，当 $\sigma_1/f_c=\sigma_2/f_c>-2$ 时，其余各准则预测值与试验值规律基本一致。

3. 偏平面

六参数损伤比强度准则与国内外各强度准则对应的偏平面强度预测值与试验值的比较如图 3-7 所示。

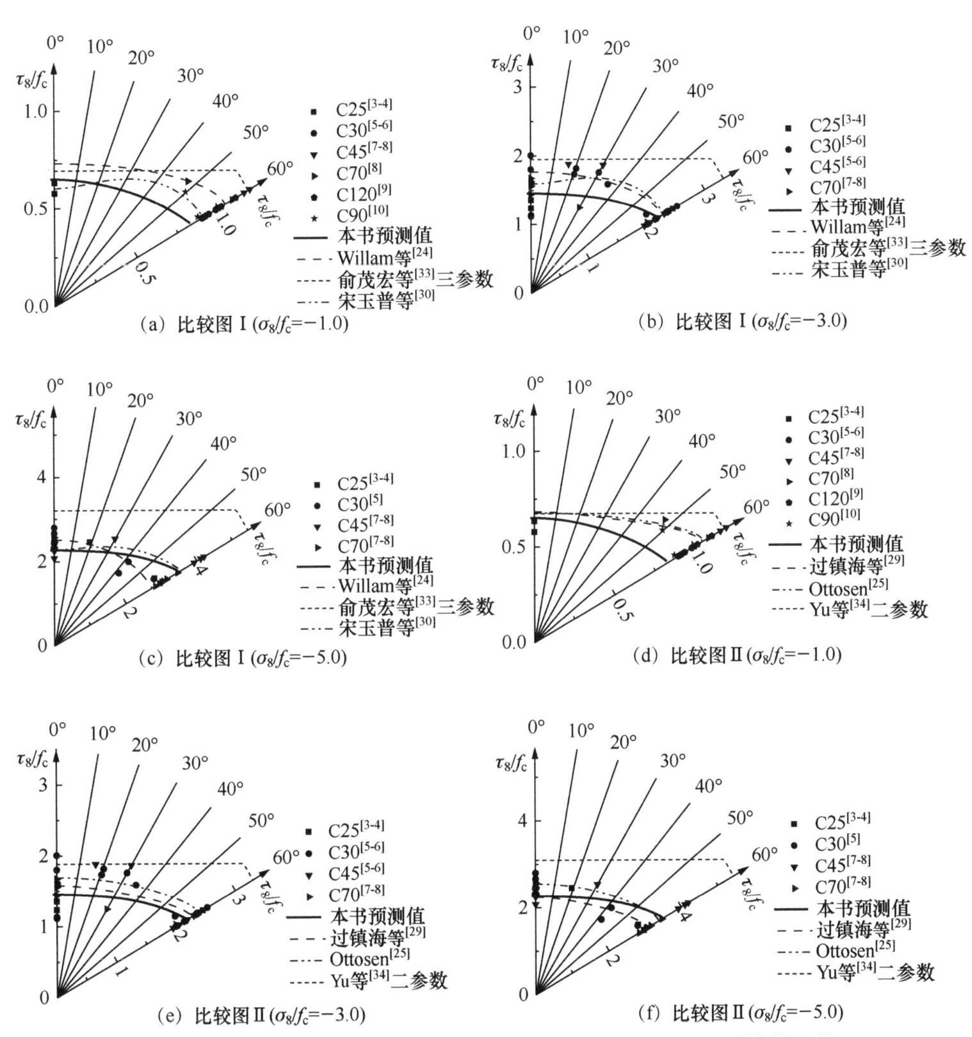

图 3-7　各混凝土强度准则对应的偏平面强度预测值与试验值的比较

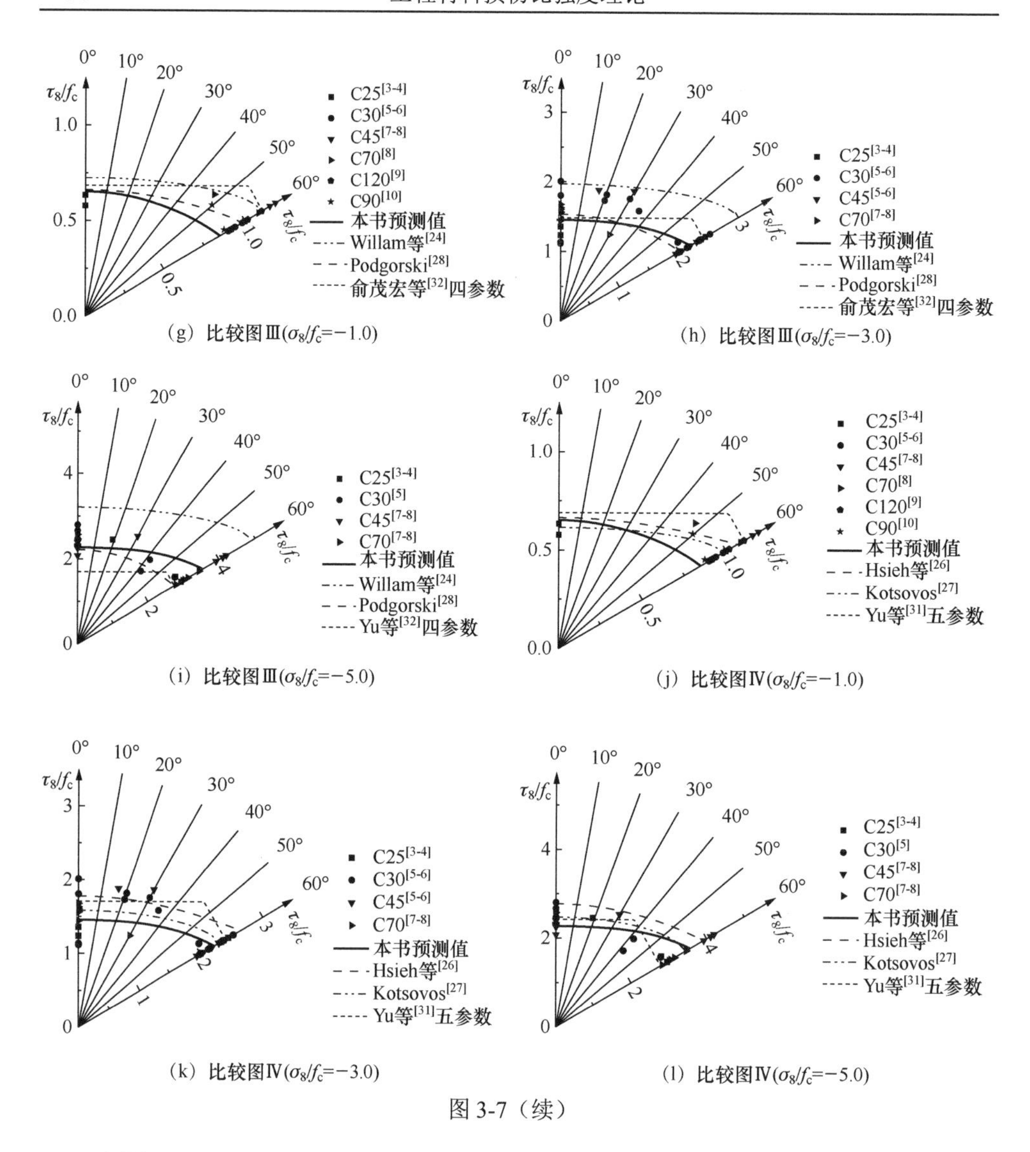

(g) 比较图Ⅲ($\sigma_8/f_c=-1.0$)　　(h) 比较图Ⅲ($\sigma_8/f_c=-3.0$)

(i) 比较图Ⅲ($\sigma_8/f_c=-5.0$)　　(j) 比较图Ⅳ($\sigma_8/f_c=-1.0$)

(k) 比较图Ⅳ($\sigma_8/f_c=-3.0$)　　(l) 比较图Ⅳ($\sigma_8/f_c=-5.0$)

图 3-7（续）

由图 3-7 可见：

（1）$\sigma_8/f_c>-5$ 时，随着静水应力增大，Willam 等[24]三参数八面体强度准则的偏平面强度预测值逐渐偏大，而其他各准则的偏平面强度预测值与试验值基本一致。

（2）当静水应力 $\sigma_8/f_c>-4$ 时，与混凝土拉压子午线上的三轴试验值变化规律较一致的强度准则所对应偏平面变化规律与试验值规律基本一致，其中两参数双剪强度准则[34]的破坏包络面基本上处于外凸八面体强度准则的外边界。

（3）除宋玉普等[30]八面体强度准则偏平面内凹和双剪强度准则偏平面不光滑外，其余强度准则的偏平面都光滑外凸。

4. 精度比较

过镇海[12]指出，多轴强度准则的精度比较，存在八面体应力校核和主应力校核等两种方法，其中采用主应力进行校核时误差将偏大。表 3-4 为各类混凝土强度准则精度（试验值与预测值的比值的均值和离散系数）比较，其中围压应力状态用主应力进行对比，真三轴应力状态用八面体剪应力进行对比，结果表明：

（1）在真三轴受压应力状态时，过镇海等[29]、Ottosen[25]和 Kotsovos 等[27]八面体强度准则预测精度较高，六参数损伤比强度准则次之，而在围压三轴应力状态时，过镇海等[29]、Ottosen[25]和 Hsieh 等[26]八面体强度准则预测精度较高。

（2）在三轴受压应力之外的其他三轴应力状态时，六参数损伤比强度准则和 IIsieh 等[26]八面体强度准则的预测精度较高。

（3）与所有三轴应力状态试验数据比较显示，六参数损伤比强度准则和 Hsieh 等[26]八面体强度准则预测精度较高。由于高静水压力时过镇海[12]建议的强度特征值所对应的八面体剪应力预测值偏低，因此仅当静水应力 $\sigma_8/f_c>-4$ 时，五参数双剪强度准则[31]预测值与混凝土拉压子午线上的三轴试验值较一致。

表 3-4　各类混凝土强度准则精度比较

文献	围压		三轴受压		至少一轴受拉		σ_8/f_c		全部试验	
	均值	离散系数	均值	离散系数	均值	离散系数	均值	离散系数	均值	离散系数
本书	1.160	0.173	1.073	0.097	0.959	0.146	1.021	0.135	1.020	0.132
Willam 等[24]三参数	0.715	0.256	0.846	0.124	0.702	0.179	0.772	0.180	0.781	0.173
Willam 等[24]五参数	1.016	0.132	1.013	0.344	0.687	0.173	0.803	0.202	0.866	0.364
Ottosen[25]	0.948	0.076	0.973	0.066	0.830	0.168	0.882	0.145	0.909	0.140
Hsieh 等[26]	1.045	0.081	0.944	0.094	1.024	0.192	0.969	0.161	0.980	0.156
Kotsovos[27]	1.059	0.120	1.032	0.072	1.077	0.254	1.059	0.189	1.052	0.183
Podgorski[28]	1.102	0.088	1.078	0.089	0.806	0.178	0.932	0.180	0.956	0.189
过镇海等[29]	0.987	0.093	1.020	0.089	0.816	0.162	0.906	0.150	0.928	0.162
宋玉普等[30]	1.172	0.178	1.033	0.096	0.766	0.193	0.907	0.207	0.913	0.199
Yu 等[31]五参数	0.941	0.171	0.990	0.237	0.835	0.159	0.884	0.132	0.920	0.228
俞茂宏等[32]四参数	0.938	0.175	1.073	0.313	0.828	0.154	0.898	0.146	0.963	0.301
俞茂宏等[33]三参数	0.565	0.341	0.821	0.155	0.852	0.161	0.850	0.149	0.835	0.159
Yu 等[34]二参数	0.577	0.341	0.839	0.155	0.860	0.168	0.863	0.152	0.848	0.162

3.4 简化围压三轴损伤比强度准则

围压三轴受力状态下，根据式（2-22），简化的普通混凝土和再生混凝土损伤比强度准则的经验参数，即侧压系数为

$$b_1=3.4 \tag{3-1}$$

图 3-8 为本书建议的围压下真三轴损伤比强度准则（图中表示为“通用形式”）以及简化围压三轴强度准则（图中表示为“简化形式”）的预测值与试验值[1，4-8，16-20]的比较，可见简化后的围压三轴损伤比强度准则预测值与普通/再生混凝土试验值变化规律整体一致。简化前后普通和再生混凝土损伤比强度准则的精度比较见表 3-5，可见简化后准则精度有所提高。

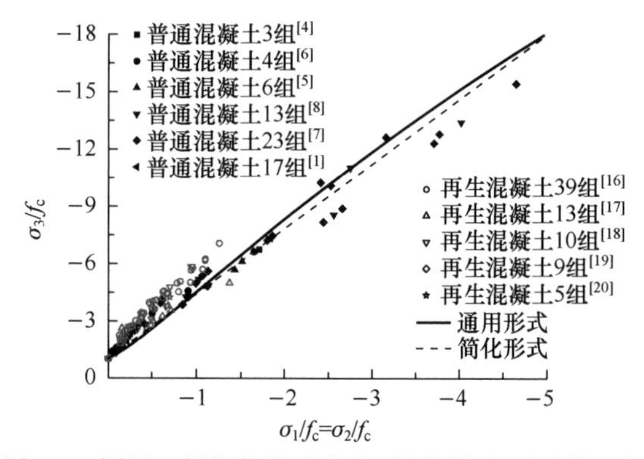

图 3-8 围压三轴损伤比强度准则预测值和试验值比较

表 3-5 围压下三轴损伤比强度准则精度比较

统计特征值		均值	离散系数
普通混凝土	真三轴	1.160	0.173
	简化围压三轴	1.126	0.123
再生混凝土	真三轴	1.289	0.170
	简化围压三轴	1.269	0.147

3.5 简化二轴损伤比强度准则

二轴受力状态下，表 2-2 中简化的普通混凝土和再生混凝土损伤比强度准则

表达式的经验参数取值见表 3-6，此时由强度准则表达式得到普通混凝土和再生混凝土二轴等压强度与单轴抗压强度比值 f_{cc}/f_c=1.277；针对普通混凝土二轴等压试验数据过镇海[12]建议取值为 1.280，针对再生混凝土二轴等压试验数据[15]表明该取值在 1.44～1.71。图 3-9 所示为二轴破坏包络线及比较，其中本书建议的普通/再生混凝土强度准则二轴形式（图中表示为“通用形式”）以及简化二轴强度准则（图中表示为“简化形式”）预测值与试验值[12, 15, 35-36]的比较，可见简化后的二轴损伤比强度准则预测值与普通混凝土的二轴强度试验数据变化规律整体一致，而再生混凝土的二轴强度试验数据偏大。

表 3-6 简化二轴损伤比强度准则各经验参数取值

经验参数	取值	经验参数	取值
c_1	0.3	c_3	1.388
c_2	1.15	c_4	0.79

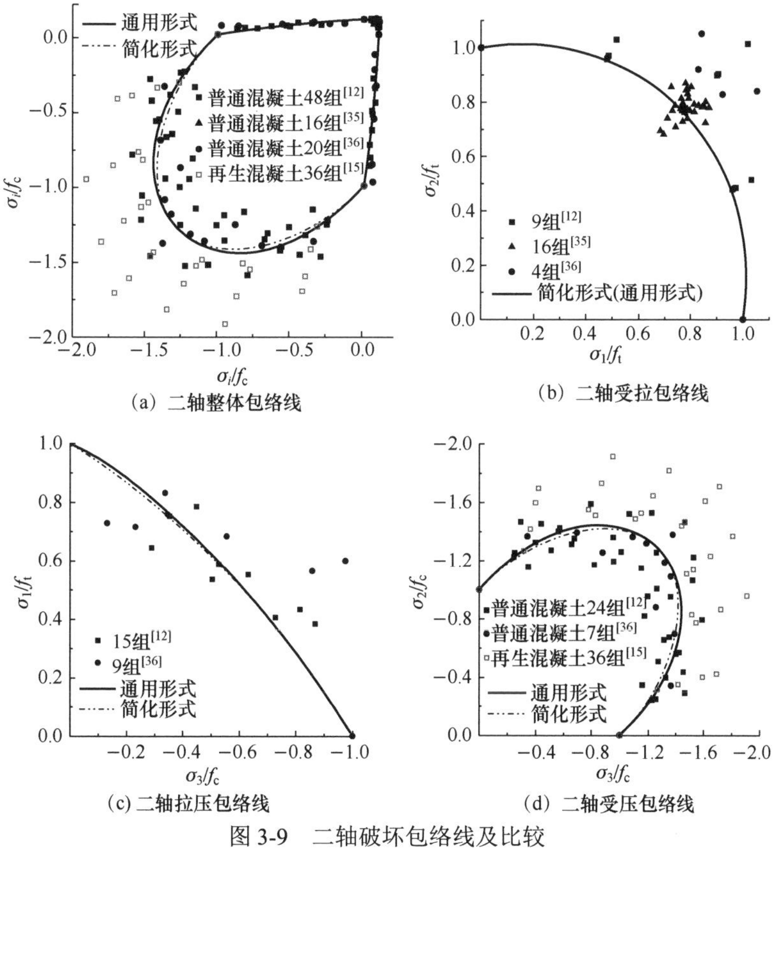

(a) 二轴整体包络线

(b) 二轴受拉包络线

(c) 二轴拉压包络线

(d) 二轴受压包络线

图 3-9 二轴破坏包络线及比较

小　结

（1）根据已有试验资料关于普通/再生混凝土破坏包络面的特征，推荐了普通/再生混凝土损伤比强度准则中损伤比变量表达式中的经验参数取值，此时的损伤比变量取值得到单轴、二轴和三轴等典型受力状态下混凝土应力-应变曲线试验结果的验证。

（2）与国内外主要八面体强度准则和双剪强度准则相比较，本书建议的损伤比强度准则预测值与国内外混凝土多轴强度试验结果符合较好，整体精度较高。

（3）针对围压三轴和二轴受力状态，推荐了普通/再生混凝土围压三轴和二轴损伤比强度准则简化表达式的经验参数取值。

参 考 文 献

[1] CANDAPPA D C，SANJAYAN J G，SETUNGE S．Complete triaxial stress-strain curves of high-strength concrete[J]．Journal of Materials in Civil Engineering，2001，13（3）：209-215.

[2] 王敬忠．三轴拉压强度试验和混凝土破坏准则的研究[D]．北京：清华大学，1989.

[3] CHERN J C，YANG H J，CHEN H W．Behavior of steel fiber reinforced concrete in multiaxial loading[J]．ACI Materials Journal，1992，89（1）：32-40.

[4] RONG C，SHI Q X，ZHANG T，et al．New failure criterion models for concrete under multiaxial stress in compression[J]．Construction and Building Materials，2018（161）：432-441.

[5] 宋玉普，赵国藩，彭放，等．多轴应力下混凝土的破坏准则[M]//涂传林. 第五届岩石、混凝土断裂和强度学术会议论文集. 长沙：国防科技大学出版社，1993：121-129.

[6] 叶献国．三轴受压混凝土的强度试验和混凝土破坏准则的研究[D]．北京：清华大学，1988.

[7] 梁伟，吴佩刚，赵光仪，等．高强混凝土三轴强度规律与破坏准则[J]．建筑结构，2003，33（1）：17-19.

[8] 刘洪春．高强混凝土在三轴受压及两压一拉应力状态下强度与变形的试验研究[D]．北京：清华大学，1997.

[9] XIE J，ELWI A E，MACGREGOR J G．Mechanical properties of three high-strength concretes containing silica fume[J]．ACI Materials Journal，1995，92（2）：135-145.

[10] 宋玉普，何振军．高强高性能混凝土在多轴压下强度与变形性能的试验研究[J]．岩石力学与工程学报，2008，27（S2）：3575-3584.

[11] FOLINO P，ETSE G，WILL A．Performance dependent failure criterion for normal-and high-strength concretes[J]．Journal of Engineering Mechanics，2009，135（12）：1393-1409.

[12] 过镇海．混凝土的强度和变形：试验基础和本构关系[M]．北京：清华大学出版社，1997.

[13] 周筑宝．最小耗能原理及其应用：材料的破坏理论、本构关系理论及变分原理[M]．北京：科学出版社，2001.

[14] 俞茂宏．混凝土强度理论及其应用[M]．北京：高等教育出版社，2002.

[15] WANG Y M，DENG Z H，XIAO J Z，et al．Mechanical properties of recycled aggregate concrete under multiaxial compression[J]．Advances in Structural Engineering，2020，23（12）：2529-2538.

[16] CHEN Y L，CHEN Z P，XU J J，et al．Performance evaluation of recycled aggregate concrete under multiaxial compression[J]．Construction and Building Materials，2019，229：116935.

[17] FOLINO P，XARGAY H．Recycled aggregate concrete-Mechanical behavior under uniaxial and triaxial compression[J]．Construction and Building Materials，2014，56：21-31.

[18] YANG H F，DENG Z H，HUANG Y．Analysis of stress-strain curve on recycled aggregate concrete under uniaxial and conventional triaxial compression[J]．Advanced Materials Research，2011，168-170：900-905.

[19] 陈宗平，陈宇良，应武挡．再生混凝土三向受压试验及强度准则[J]．建筑材料学报，2016，19（1）：149-155.

[20] 杨海峰，孟少平，邓志恒．高强再生混凝土常规三轴受压本构曲线试验[J]．江苏大学学报（自然科学版），2011，32（5）：597-601.

[21] LU X，HSU C T T．Tangent Poisson's ratio of high-strength concrete in triaxial compression[J]．Magazine of Concrete Research，2007，59（1）：69-77.

[22] KUPFER H，HILSDORF H K．Behaviour of concrete under biaxial stresses[J]．ACI Structural Journal，1969，66（8）：656-666.

[23] 郑汝玫．二轴受压混凝土的强度和变形试验研究[D]．北京：清华大学，1987.

[24] WILLAM K J，WARNKE E P．Constitutive model for the triaxial behaviour of concrete [C]//Proceedings of the International Association for Bridge and Structural Engineering，Zurich：ETH-Bibliothek，1974，19：1-30.

[25] OTTOSEN N S．A failure criterion for concrete[J]．Journal of Engineering Mechanics，1977，103（4）：527-535.

[26] HSIEH S S，TING E C，CHEN W F．A plastic-fracture model for concrete[J]．International Journal of Solids and Structures，1982，18（3）：181-197.

[27] KOTSOVOS M D．A mathematical description of the strength properties of concrete under generalized stress[J]．Magazine of Concrete Research，1979，31（108）：151-158.

[28] PODGORSKI J．General failure criterion for isotropic media[J]．Journal of Engineering Mechanics，1985，111（2）：188-201.

[29] 过镇海，王传志．多轴应力下混凝土的强度和破坏准则研究[J]．土木工程学报，1991，24（3）：1-14.

[30] 宋玉普，赵国藩，彭放，等．多轴应力下多种混凝土材料的通用破坏准则[J]．土木工程学报，1996，29（1）：25-32.

[31] YU M H，LIU F Y，LI Y，et al．Twin shear stress five-parameter criterion and its smooth ridge model[J]．International Academic Publishers，1989，1：244-248.

[32] 俞茂宏，李晓玲，张义军．岩土材料四参数强度准则[M]//第五届岩石、混凝土断裂和强度学术会议论文集．长沙：国防科技大学出版社，1993：244-248.
[33] 俞茂宏，刘凤羽．双剪应力三参数准则及其角隅模型[J]．土木工程学报，1988，21（3）：90-95.
[34] YU M H，HE L N，SONG L Y. Twin shear stress theory and its generalization[J]. Science in China（Series A），1985，28（11）：1174-1183.
[35] 赖伟栋，陈健，李冈陵．混凝土双向拉伸强度弱化研究[J]．混凝土，2002，152（6）：21-22.
[36] 李伟政，过镇海．二轴拉压应力状态下混凝土的强度和变形试验研究[J]．水利学报，1991（8）：51-56.

第四章　轻骨料混凝土和钢纤维轻骨料混凝土损伤比强度准则

4.1　概　　述

轻骨料混凝土种类众多，性能差异大，目前已进行的轻骨料混凝土和钢纤维轻骨料混凝土三轴强度试验中的轻骨料为煤矸石。轻骨料混凝土三轴强度试验研究[1-3]表明轻骨料混凝土和混凝土破坏包络面的几何特征差别如下[1, 4-6]：①在静水应力轴的拉端和压端封闭，拉端顶点为三轴等拉应力状态，压端顶点为三轴等压应力状态；②子午线上各点的偏应力值随静水应力代数值的减小而增大，但斜率逐渐减小，在中压应力区到达极限值，随即偏应力随静水应力代数值的减小而减小。此外，量纲一下钢纤维轻骨料混凝土的破坏包络面[7]与轻骨料混凝土的破坏包络面基本一致。

本书作者将损伤比强度理论应用于轻骨料混凝土和钢纤维轻骨料混凝土，本章主要构思如下：

（1）确定轻骨料混凝土和钢纤维轻骨料混凝土损伤比强度准则中的损伤比变量表达式经验参数取值，确保损伤比强度准则的破坏包络面接近轻骨料混凝土和钢纤维轻骨料混凝土试验结果。

（2）根据现有试验结果，对本书作者的损伤比强度准则和已有学者的强度准则进行比较分析。

（3）确定围压三轴和二轴应力状态下轻骨料混凝土损伤比强度准则简化表达式的经验参数取值。

4.2　损伤比变量

通过对轻骨料混凝土和钢纤维轻骨料混凝土三轴强度试验资料[1-3, 7]的分析，本书推荐损伤比变量表达式（2-20）中有关轻骨料混凝土和钢纤维轻骨料混凝土三轴特性的各经验参数取值见表 4-1。在三轴受压时轻骨料混凝土和钢纤维轻骨料混凝土与普通混凝土的三维破坏包络面差别较大，而在三轴受拉、二轴受拉一轴受压和一轴受拉二轴受压等其他应力状态下时两者的三维破坏包络面类似，在六参数损伤比变量表达式下，由表 4-1 所形成的轻骨料混凝土和钢纤维轻骨料混凝土损伤比强度准则的三维破坏包络面如图 4-1 所示。

表 4-1　损伤比变量各经验参数取值

经验参数	取值	经验参数	取值
a_1	0.11	a_4	0.62
a_2	0.80	a_5	1.80
a_3	0.00	a_6	0.10

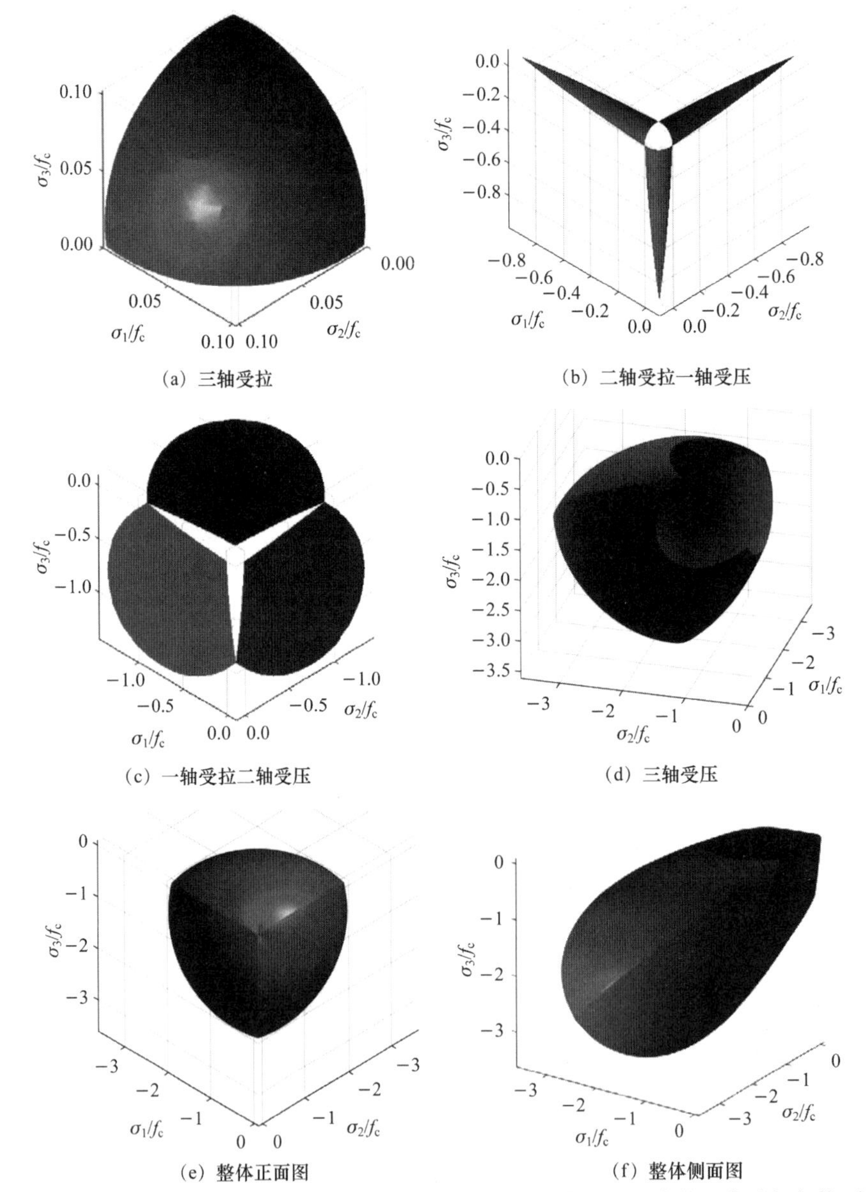

(a) 三轴受拉　(b) 二轴受拉一轴受压

(c) 一轴受拉二轴受压　(d) 三轴受压

(e) 整体正面图　(f) 整体侧面图

图 4-1　轻骨料混凝土和钢纤维轻骨料混凝土损伤比强度准则对应的三维破坏包络面

4.3　损伤比强度准则

4.3.1　损伤比强度准则验证

为分析轻骨料混凝土和钢纤维轻骨料混凝土损伤比强度准则的破坏包络面变化规律与精度，本书收集了国内外共 88 组轻骨料混凝土三轴试验资料[1-3]和 112 组钢纤维体积率（ρ_f）为 0.5%～2.5%的钢纤维轻骨料混凝土三轴试验资料[7]，损伤比强度准则对应的拉压子午线和围压（$\sigma_1=\sigma_2\geqslant\sigma_3$）强度规律如图 4-2 所示，对应的偏平面强度规律如图 4-3 所示。

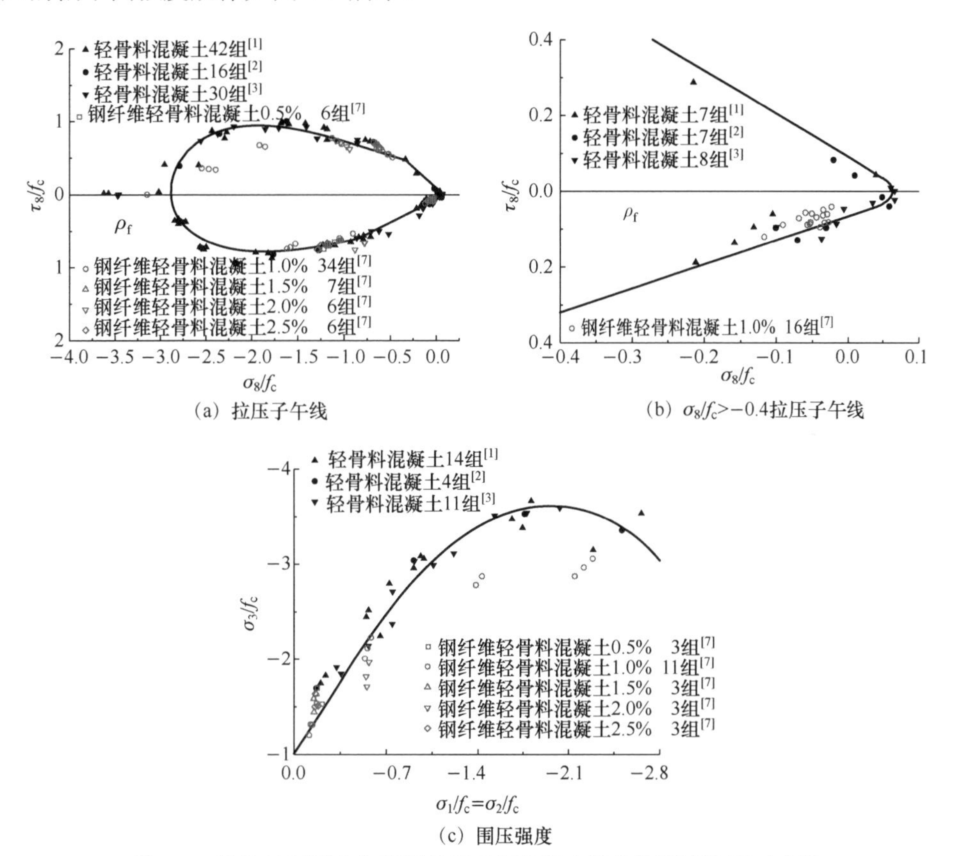

图 4-2　轻骨料混凝土和钢纤维轻骨料混凝土损伤比强度准则对应的拉压子午线和围压强度规律

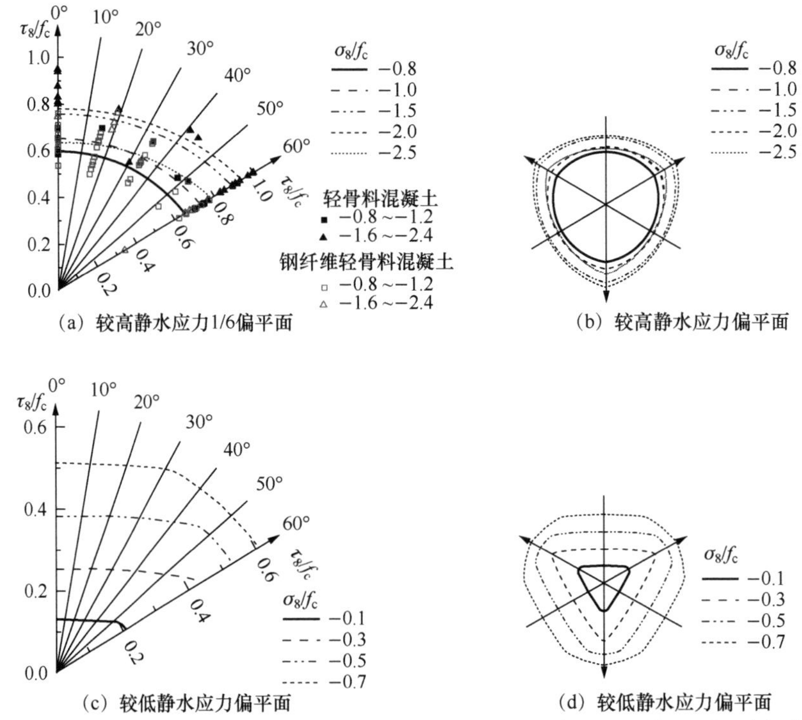

图 4-3　轻骨料混凝土和钢纤维轻骨料混凝土损伤比强度准则下偏平面强度规律

由图 4-2 和图 4-3 可以看出：

（1）不同钢纤维体积率下拉压子午线分布规律表明，钢纤维体积率对量纲一下钢纤维轻骨料混凝土三轴强度无明显影响。

（2）轻骨料混凝土和钢纤维轻骨料混凝土处于三轴受压应力状态时，损伤比强度准则对应的拉压子午线在静水应力轴压端有交点，偏平面随静水压力代数值减小先向外扩张至最大，然后向内缩小至闭合，与相应三轴试验数据规律一致。

（3）轻骨料混凝土和钢纤维轻骨料混凝土处于围压三轴应力状态时，损伤比强度准则预测值与轻骨料混凝土围压三轴应力试验值变化规律较一致；而高围压应力状态时，损伤比强度准则下钢纤维轻骨料混凝土围压强度预测值略偏大。

（4）轻骨料混凝土和钢纤维轻骨料混凝土处于三轴受压应力状态之外的其他三轴应力状态下时，损伤比强度准则预测值与轻骨料混凝土试验值规律也基本一致，总体上破坏包络面光滑、连续和外凸。

轻骨料混凝土和不同钢纤维体积率下钢纤维轻骨料混凝土三轴试验值分别与相应应力状态下的损伤比强度准则预测值比较（试验值/预测值），其八面体剪应力精度比较见表 4-2。所有试验资料轻骨料混凝土 88 组（$\sigma_8/f_c > -3.62$），全部应力状态整体比较均值为 1.050，离散系数为 0.122，可见基本上能反映轻骨料混凝土三轴强度规律；钢纤维轻骨料混凝土 112 组（$\sigma_8/f_c > -3.148$），可见各种情况下损伤比强度准则预测值和钢纤维混凝土强度试验值都相符。

表 4-2　轻骨料混凝土损伤比强度准则精度比较

材料	钢纤维体积率/%	均值	离散系数
轻骨料混凝土	0（88 组）	1.050	0.122
钢纤维轻骨料混凝土	0.5（15 组）	1.043	0.061
	1.0（50 组）	0.910	0.201
	1.5（17 组）	1.008	0.080
	2.0（16 组）	1.027	0.075
	2.5（14 组）	1.035	0.060

4.3.2　各强度准则比较

1. 轻骨料混凝土

为比较各强度准则的精度，本书对轻骨料混凝土和钢纤维轻骨料混凝土损伤比强度准则、轻骨料混凝土八面体强度准则[1-3, 8]和双剪强度准则[9]进行分析。八面体强度准则和双剪强度准则中各经验参数如下：①双剪强度准则中反映中间主切应力以及相应面上正应力对材料破坏程度的参数 b 取 1；②各准则中的经验参数取值方法为特征应力点法时，采用准则已有规定的特征值或经验参数；③准则经验参数取值方法为数据拟合时，采用本书收集到的试验数据进行拟合，数据拟合方式下的准则经验参数取值见表 4-3。八面体强度准则经验参数取值方法均为最小二乘法拟合确定，然而准则不能退化到单轴应力状态，且在双轴应力状态准则预测值可能不合理。

表 4-3　各轻骨料混凝土强度准则表达式及经验参数取值

适用材料	强度理论形式	强度准则	表达式	经验参数数量	经验参数确定方法
轻骨料混凝土	八面体强度理论	宋玉普等[1]	$\begin{cases}\theta=0°,\ \dfrac{\tau_{8t}}{f_c}=a_1+b_1\dfrac{\sigma_8}{f_c}+c_1\left(\dfrac{\sigma_8}{f_c}\right)^2\\ \theta=60°,\ \dfrac{\tau_{8c}}{f_c}=a_2+b_2\dfrac{\sigma_8}{f_c}+c_2\left(\dfrac{\sigma_8}{f_c}\right)^2\end{cases}$ $\tau_8(\theta)=\tau_{8t}+(\tau_{8c}-\tau_{8t})\sin^3(1.5\theta)$	6	最小二乘法（a_1=0.057；b_1=−0.983；c_1=−0.304；a_2=0.065；b_2=−1.086；c_2=−0.336）

续表

适用材料	强度理论形式	强度准则	表达式	经验参数数量	经验参数确定方法
轻骨料混凝土	八面体强度理论	王立成等[2]	$\rho(\theta)$ 表达式同 Willam-Warnke 准则 $\begin{cases}\theta=0°, \dfrac{\tau_{8t}}{f_c}=a+b\left(\dfrac{\sigma_8}{f_c}\right)+c\left(\dfrac{\sigma_8}{f_c}\right)^2 \\ \theta=60°, \dfrac{\tau_{8c}}{f_c}=k\left[a+b\left(\dfrac{\sigma_8}{f_c}\right)+c\left(\dfrac{\sigma_8}{f_c}\right)^2\right]\end{cases}$	4	特征应力点法（f_t、f_c、f_{cc}和子午线与受压静水应力轴的交点）或最小二乘法（a= 0.055；b= −0.942；c= −0.278；k= 1.084）
		Wang 等[3]	$\rho(\theta)$ 表达式同 Willam-Warnke 准则 $\begin{cases}\theta=0°, \dfrac{\tau_{8t}}{f_c}=a+b\left(\dfrac{\sigma_8}{f_c}\right)+c\left(\dfrac{\sigma_8}{f_c}\right)^2+d\left(\dfrac{\sigma_8}{f_c}\right)^3+e\left(\dfrac{\sigma_8}{f_c}\right)^4 \\ \theta=60°, \dfrac{\tau_{8c}}{f_c}=k\left[a+b\left(\dfrac{\sigma_8}{f_c}\right)+c\left(\dfrac{\sigma_8}{f_c}\right)^2+d\left(\dfrac{\sigma_8}{f_c}\right)^3+e\left(\dfrac{\sigma_8}{f_c}\right)^4\right]\end{cases}$	6	最小二乘法（a=0.040；b= −0.584；c= 0.251；d= 0.240；e=0.033；k= 1.146）
		叶艳霞等[8]	$\rho(\theta)$ 表达式同 Willam-Warnke 准则 $\begin{cases}\theta=0°, \left(\dfrac{\tau_{8t}}{f_c}\right)^2=a+b\left(\dfrac{\sigma_8}{f_c}\right)+c\left(\dfrac{\sigma_8}{f_c}\right)^2+d\left(\dfrac{\sigma_8}{f_c}\right)^3+e\left(\dfrac{\sigma_8}{f_c}\right)^4 \\ \theta=60°, \left(\dfrac{\tau_{8c}}{f_c}\right)^2=k\left[a+b\left(\dfrac{\sigma_8}{f_c}\right)+c\left(\dfrac{\sigma_8}{f_c}\right)^2+d\left(\dfrac{\sigma_8}{f_c}\right)^3+e\left(\dfrac{\sigma_8}{f_c}\right)^4\right]\end{cases}$	6	最小二乘法（a=0.003；b= −0.447；c= −0.268；d=−0.327；e=−0.102；k= 1.270）
	双剪强度理论	Wang[9]	$\begin{cases}F=\tau_{13}+b\tau_{12}+\beta(\sigma_{13}+b\sigma_{12})+A_1\sigma_8+B_1\sigma_8^2=C,\ F\geqslant F' \\ F'=\tau_{13}+b\tau_{23}+\beta(\sigma_{13}+b\sigma_{23})+A_2\sigma_8+B_2\sigma_8^2=C,\ F<F'\end{cases}$	5	f_t、f_c、f_{cc}和拉、压子午线与静水应力轴的两个交点
钢纤维轻骨料混凝土	八面体强度理论	宋玉普[7]	$\dfrac{\tau_8}{f_c}=A_{\rho_f}+B_{\rho_f}\left(\dfrac{\sigma_8}{f_c}\right)+C_{\rho_f}\left(\dfrac{\sigma_8}{f_c}\right)^2$ 其中 $\begin{cases}A_{\rho_f}=0.104+0.043\lambda_f \\ -B_{\rho_f}=0.651+0.331\lambda_f \\ -C_{\rho_f}=0.205+0.137\lambda_f\end{cases}$ $\lambda_f=\rho_f l/d$ 钢纤维体积率特征参数 $\lambda_f=\rho_f l/d$，ρ_f 为钢纤维体积率，l、d 分别为钢纤维长度和直径	3	钢纤维体积率特征参数λ_f（λ_f=0.25，λ_f=0.50，λ_f=0.75，λ_f=1.00，λ_f=1.25）

轻骨料混凝土和钢纤维轻骨料混凝土六参数损伤比强度准则和其他各轻骨料混凝土强度准则对应的拉压子午线预测值与试验值的比较如图 4-4 所示。

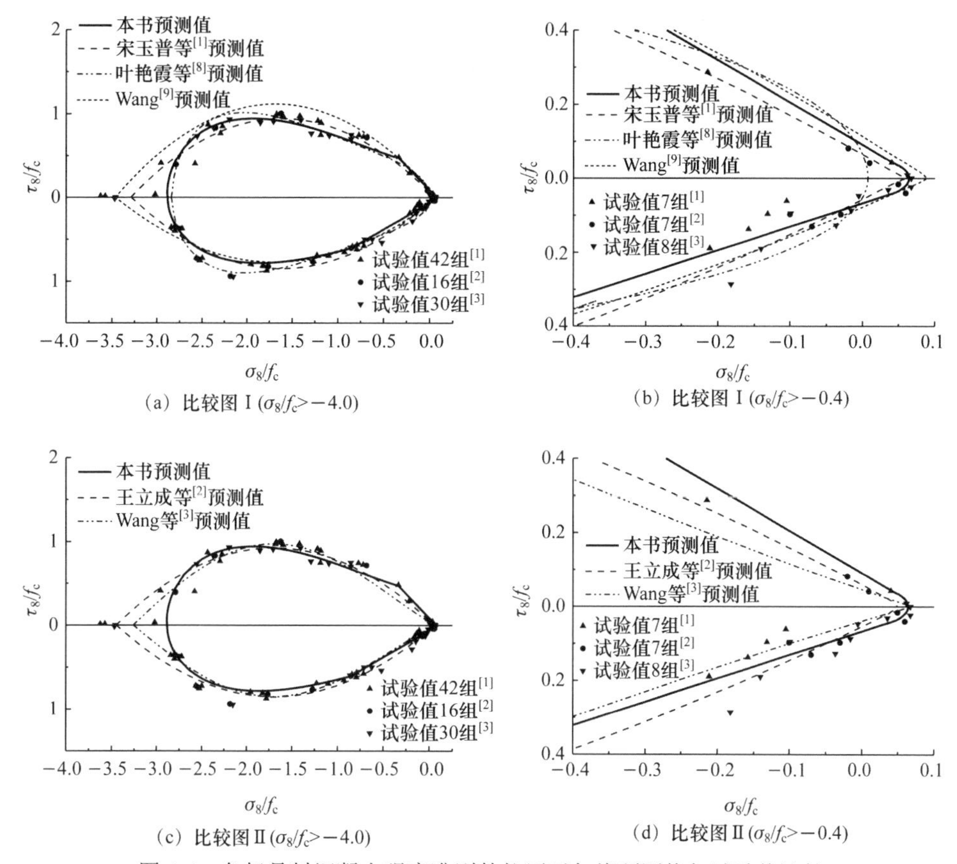

(a) 比较图 I ($\sigma_8/f_c>-4.0$)　(b) 比较图 I ($\sigma_8/f_c>-0.4$)

(c) 比较图 II ($\sigma_8/f_c>-4.0$)　(d) 比较图 II ($\sigma_8/f_c>-0.4$)

图 4-4　各轻骨料混凝土强度准则的拉压子午线预测值与试验值比较

由图 4-4 可见：

(1) 六参数损伤比强度准则、宋玉普等[1]六参数、王立成等[2]四参数、Wang 等[3]六参数和叶艳霞等[8]六参数八面体强度准则的轻骨料混凝土拉压子午线预测值与三轴试验值较一致，各八面体强度准则的经验参数都由试验值拟合确定。

(2) Wang[9]五参数双剪强度准则中参数由特征应力点法确定，与拉子午线上的三轴试验结果规律较一致，而与压子午线上的三轴试验结果吻合度较低。

(3) 叶艳霞等[8]八面体强度准则和六参数损伤比强度准则的破坏包络面整体连续光滑外凸，但叶艳霞等[8]八面体强度准则在三轴受拉和三轴拉压应力状态与试验结果吻合度略差，其余准则破坏曲面顶部都有尖角。

轻骨料混凝土和钢纤维轻骨料混凝土六参数损伤比强度准则和其他各轻骨料混凝土强度准则对应的围压三轴强度预测值与试验值的比较如图 4-5 所示。

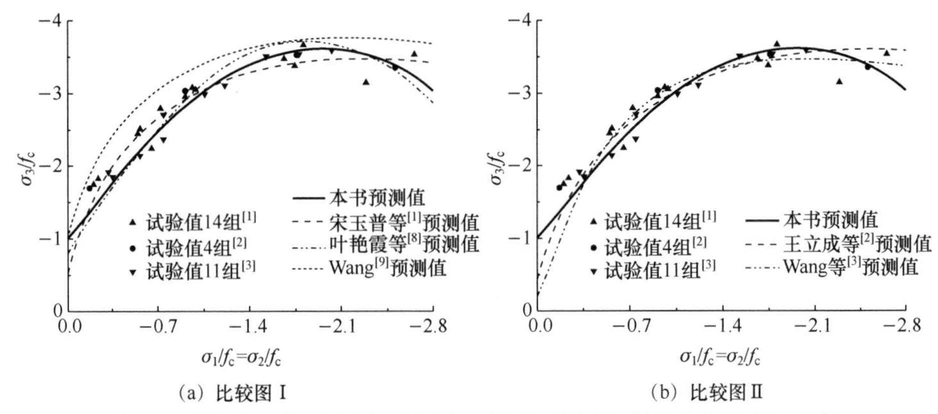

(a) 比较图Ⅰ　　(b) 比较图Ⅱ

图 4-5　各轻骨料混凝土强度准则下围压三轴强度预测值与试验值的比较

由图 4-5 可见：

（1）整体上损伤比强度准则和宋玉普等[1]六参数、王立成等[2]四参数、Wang 等[3]六参数和叶艳霞等[8]六参数等八面体强度准则的围压三轴强度预测值与轻骨料混凝土试验值规律较一致。

（2）各八面体强度准则的经验参数都由数据拟合确定，其对应的围压三轴强度试验规律不能退化到单轴受压情况（$\sigma_1=\sigma_2=0$，$\sigma_3=-f_c$）。

（3）Wang 等[9]五参数双剪强度准则对应的围压三轴强度试验规律能退化到单轴受压情况（$\sigma_1=\sigma_2=0$，$\sigma_3=-f_c$），但整体围压三轴强度预测值与试验值相比略高。

轻骨料混凝土和钢纤维轻骨料混凝土六参数损伤比强度准则和其他各轻骨料混凝土强度准则对应的偏平面强度预测值与试验值的比较如图 4-6 所示。

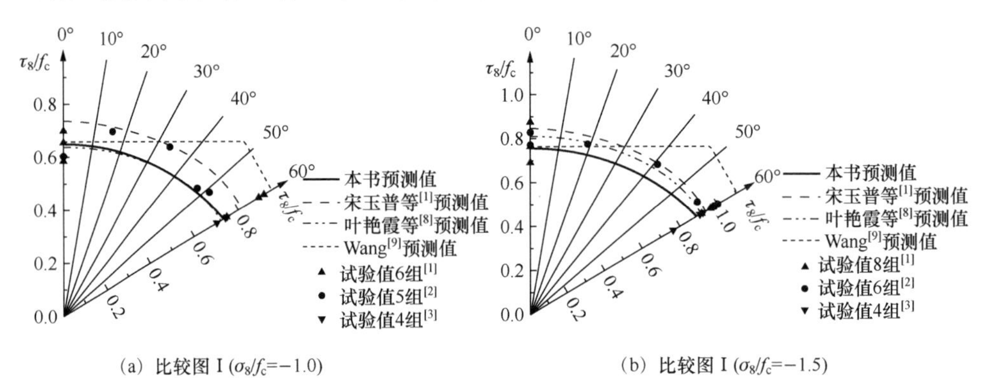

(a) 比较图Ⅰ($\sigma_8/f_c=-1.0$)　　(b) 比较图Ⅰ($\sigma_8/f_c=-1.5$)

图 4-6　各轻骨料混凝土强度准则对应的偏平面强度预测值与试验值的比较

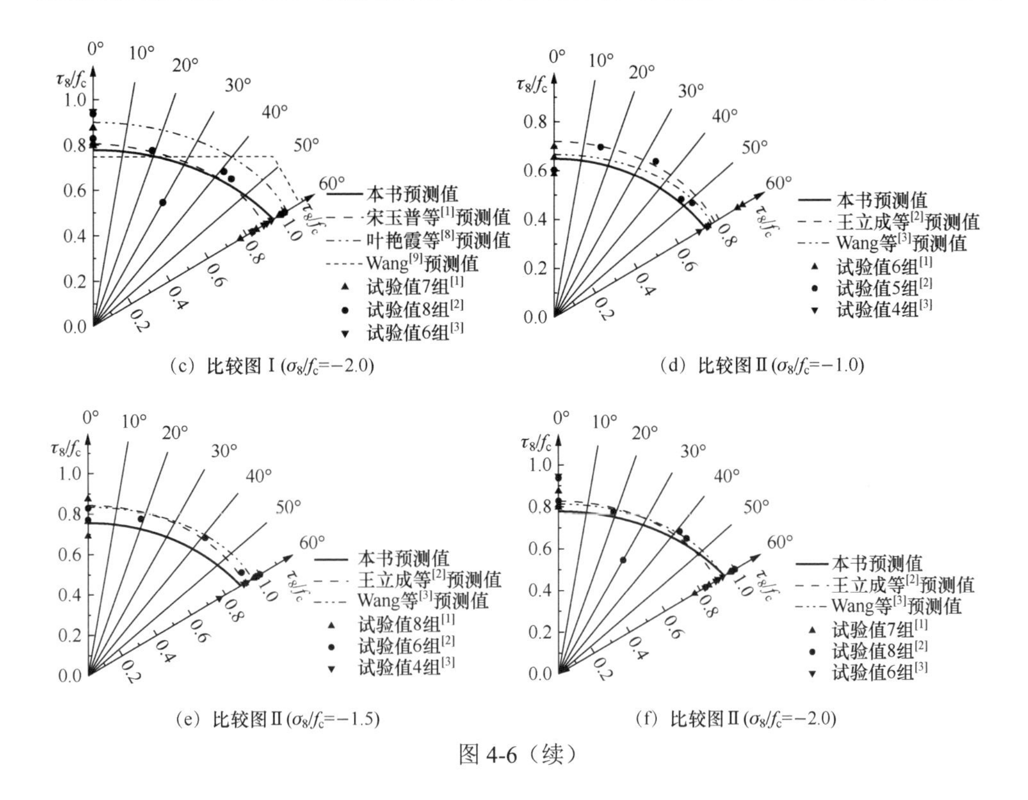

（c）比较图 I (σ_8/f_c=−2.0)　（d）比较图 II (σ_8/f_c=−1.0)

（e）比较图 II (σ_8/f_c=−1.5)　（f）比较图 II (σ_8/f_c=−2.0)

图 4-6（续）

由图 4-6 可见：

（1）相对于普通混凝土，偏平面上轻骨料混凝土的强度规律分布较饱满，Lode 角对轻骨料混凝土三轴强度影响较小。

（2）损伤比强度准则和各八面体强度准则的偏平面强度包络线光滑外凸，变化规律与试验数据基本一致。

（3）Wang[9]五参数双剪强度准则的偏平面强度包络线有尖角，其偏平面强度预测值在 θ=0°时与试验值吻合度较好，但随着 Lode 角的增大，预测值逐渐偏高，在靠近 θ=60°时更明显。

表 4-4 为轻骨料混凝土各强度准则精度（试验值与预测值的比的均值和离散系数）比较，其中围压应力状态用主应力进行对比，真三轴应力状态用八面体剪应力进行对比。材料由压应力控制时，采用主应力校核比采用八面体应力校核计算误差偏大，结果表明：

表 4-4　各轻骨料混凝土强度准则精度比较

强度准则	围压		真三轴受压		其他受力		全部试验	
	均值	离散系数	均值	离散系数	均值	离散系数	均值	离散系数
本书	1.044	0.086	1.053	0.095	1.045	0.174	1.050	0.122
宋玉普等[1]	1.011	0.072	1.007	0.119	0.978	0.187	0.999	0.142
王立成等[2]	1.029	0.094	0.990	1.127	1.019	0.192	0.998	0.150
Wang 等[3]	1.067	0.191	0.033	0.119	1.292	0.247	1.107	0.209
叶艳霞等[8]	0.886	0.070	1.016	0.123	0.881	0.256	0.977	0.175
Wang[9]	1.042	0.114	0.933	0.166	0.922	0.211	0.930	0.180

（1）在围压三轴应力状态，损伤比强度准则、宋玉普等[1]和王立成等[2]八面体强度准则精度较高。

（2）在真三轴受压应力状态时，与其他各强度准则相比，损伤比强度准则预测值和试验值相比较离散系数相对较小，精度较高。

（3）在三轴受拉和三轴拉压应力等其他三轴应力状态时，各强度准则预测值与试验值相比离散程度都较大。

（4）所有三轴应力状态试验数据比较显示，损伤比强度准则和宋玉普等[1]八面体强度准则的计算精度较高。

2. 钢纤维轻骨料混凝土

本书建议的轻骨料混凝土和钢纤维轻骨料混凝土损伤比强度准则和宋玉普[7]钢纤维轻骨料混凝土三参数八面体强度准则对应的拉压子午线、偏平面预测值与试验值的比较如图 4-7 和图 4-8 所示。其中，宋玉普[7]钢纤维轻骨料混凝土三参数八面体强度准则考虑钢纤维体积率对钢纤维轻骨料混凝土三轴强度的影响，经验参数取值按文献建议值（表 4-3）。

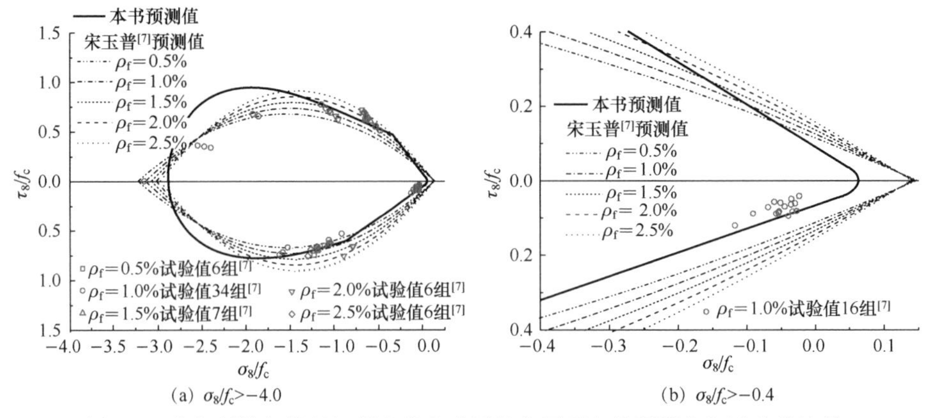

图 4-7　各钢纤维轻骨料混凝土强度准则的拉压子午线预测值与试验值比较

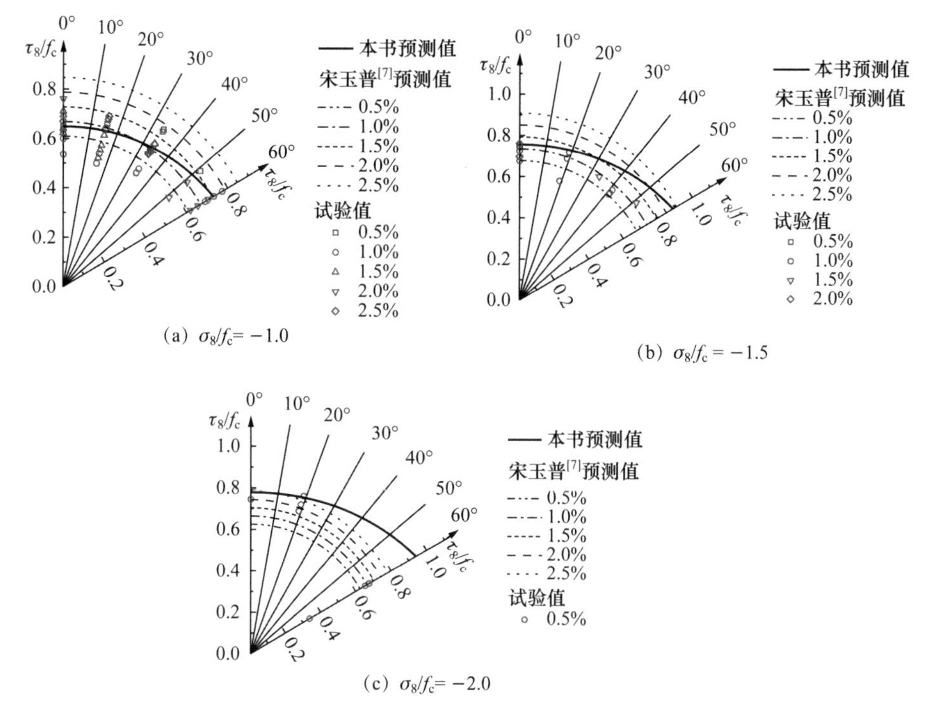

图 4-8　各钢纤维轻骨料混凝土强度准则对应的偏平面预测值与试验值比较

由图 4-7 可见：

（1）在钢纤维体积率为 0.5%时宋玉普[7]钢纤维轻骨料混凝土三参数八面体强度准则预测值整体偏小，而在 2.0%～2.5%时整体偏大，在三轴拉压应力状态时均偏大；当 $\sigma_8/f_c>-1.85$ 时，本书建议的钢纤维轻骨料混凝土损伤比强度准则的拉压子午线预测值与试验值较一致；而当 $\sigma_8/f_c<-1.85$ 时（共 6 组数据），损伤比强度准则的拉压子午线预测值偏大。

（2）损伤比强度准则拉压子午线与横轴拉端交点光滑，而宋玉普[7]钢纤维轻骨料混凝土三参数八面体强度准则出现尖角。

（3）损伤比强度准则的偏平面预测值变化规律与试验值基本一致，而宋玉普[7]八面体强度准则由于不考虑 Lode 角 θ 的影响，在 θ=60°时其偏平面强度预测值偏低，随着 Lode 角的减小，强度预测值逐渐偏高。

采用八面体剪应力对钢纤维轻骨料混凝土各强度准则精度见表 4-5，可见钢纤维体积率为 0.5%～2.5%时，整体上钢纤维轻骨料混凝土损伤比强度准则预测值与试验值相比精度较高。

表 4-5　钢纤维轻骨料混凝土各强度准则精度比较

强度准则	体积率/%	试验组数/组	三轴受压		三轴拉压		全部三轴受力	
			均值	离散系数	均值	离散系数	均值	离散系数
本书	0.5～2.5	112	0.975	0.136	0.979	0.213	0.975	0.15
宋玉普[7]	0.5	15	1.179	0.099			1.179	0.099
	1.0	50	0.967	0.121	0.455	0.207	0.803	0.328
	1.5	17	0.948	0.121			0.948	0.121
	2.0	16	0.895	0.109			0.895	0.109
	2.5	14	0.844	0.092			0.844	0.092

4.4　简化围压三轴损伤比强度准则

实际工程中，轻骨料混凝土所受的围压应力值一般较小，当$\sigma_1/f_c=\sigma_2/f_c>-1$时，围压三轴强度的线性规律较明显，为此本书仅对围压应力（$\sigma_1/f_c=\sigma_2/f_c$）在$-1$～0内的围压三轴轻骨料混凝土损伤比强度准则进行简化，根据式（2-22），简化后的围压三轴损伤比强度准则的侧压系数为

$$b_1=2.1 \tag{4-1}$$

图 4-9 为本书建议的围压下真三轴损伤比强度准则（图中表示为“通用形式”）和简化围压三轴损伤比强度准则（图中表示为“简化形式”）的预测值与轻骨料混凝土[1-3]和钢纤维轻骨料混凝土[7]试验值的比较，可见简化后的围压三轴损伤比强度准则预测值与轻骨料和钢纤维轻骨料混凝土试验数据变化规律整体一致。简化前后损伤比强度准则的计算结果（$\sigma_1/f_c=\sigma_2/f_c>-1$）与轻骨料混凝土和钢纤维轻骨料混凝土试验结果（试验值/预测值）精度比较的结果见表 4-6，可见简化前后的精度没有明显差别。

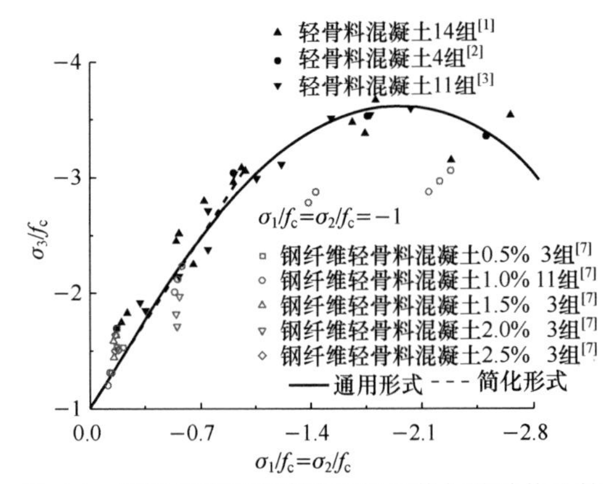

图 4-9　围压损伤比强度准则预测值与试验值比较

表 4-6 围压下三轴损伤比强度准则精度比较

统计特征值		均值	离散系数
轻骨料混凝土	真三轴	1.085	0.083
	简化围压三轴	1.074	0.088
钢纤维轻骨料混凝土	真三轴	1.047	0.126
	简化围压三轴	1.043	0.121

4.5 简化二轴损伤比强度准则

二轴受力状态下表 2-2 中简化的轻骨料混凝土损伤比强度准则表达式的经验参数取值见表 4-7，此时得到的轻骨料混凝土二轴等压强度 f_{cc}/f_c=1.298，王立成等[2]根据二轴受压试验结果建议的数据为 1.280，两者基本一致。本书建议的轻骨料混凝土损伤比强度准则二轴形式（图 4-10 中表示为“通用形式”）和简化二轴损伤比强度准则(图 4-10 中表示为“简化形式”)预测值与二轴试验结果[10-12]比较，可见简化后的二轴损伤比强度准则与轻骨料混凝土的二轴试验数据变化规律整体一致。

表 4-7 简化二轴损伤比强度准则各经验参数取值

经验参数	取值	经验参数	取值
c_1	0.2	c_3	1.408
c_2	1.1	c_4	0.49

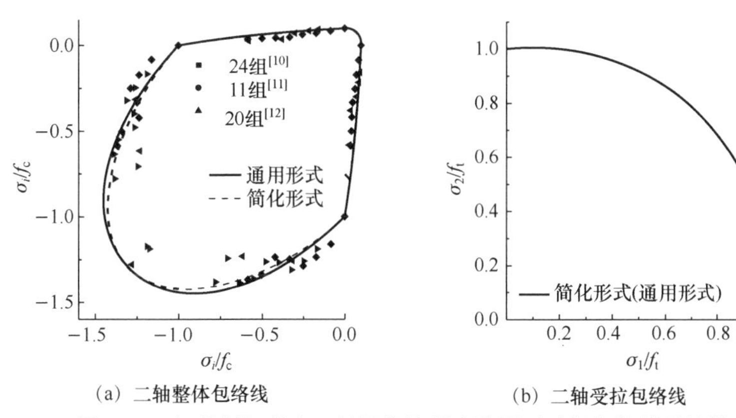

(a) 二轴整体包络线 (b) 二轴受拉包络线

图 4-10 轻骨料混凝土二轴损伤比强度准则下破坏包络线及比较

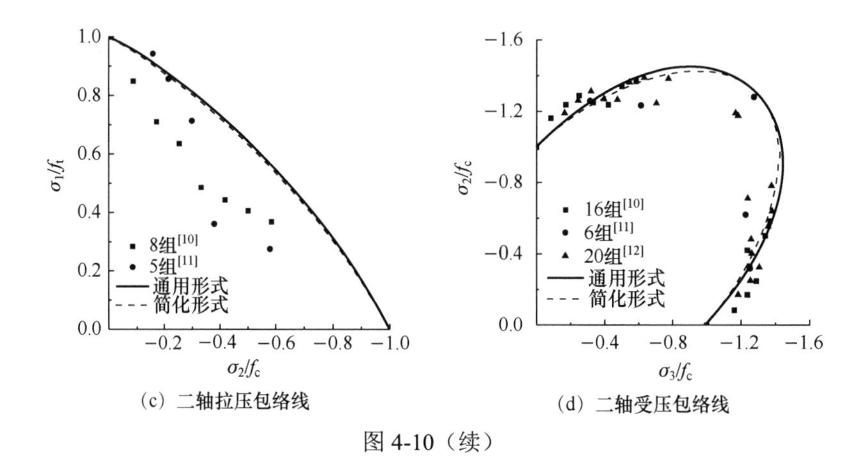

(c) 二轴拉压包络线　(d) 二轴受压包络线

图 4-10（续）

小　结

（1)根据已有试验资料关于轻骨料混凝土和钢纤维轻骨料混凝土破坏包络面的特征，推荐了轻骨料混凝土和钢纤维轻骨料混凝土损伤比强度准则中损伤比变量表达式的经验参数取值，此时损伤比变量表达式下的强度准则对应的三维破坏包络面与已有认识一致。

（2）与国内主要八面体强度准则和双剪强度准则相比较，各应力状态下本书建议的损伤比强度准则预测值与国内轻骨料混凝土和钢纤维轻骨料混凝土试验结果符合较好，且整体精度较高。

（3）针对围压三轴和二轴受力状态，推荐了进一步简化的轻骨料混凝土和钢纤维轻骨料混凝土围压三轴和二轴损伤比强度准则表达式的经验参数取值。

参 考 文 献

[1] 宋玉普，赵国藩，彭放，等. 三轴受压状态下轻骨料混凝土的强度特性[J]. 水利学报，1993（6）：10-16.

[2] 王立成，宋玉普. 一个针对轻骨料混凝土的四参数多轴强度准则[J]. 土木工程学报，2005，38（7）：27-33.

[3] WANG W Z，CHEN Y J，CHEN F Y. An egg shaped failure criterion for lightweight aggregate concrete[J]. Advanced Materials Research，2011，250：2085-2088.

[4] 过镇海. 混凝土的强度和变形：试验基础和本构关系[M]. 北京：清华大学出版社，1997.

[5] 周筑宝. 最小耗能原理及其应用：材料的破坏理论、本构关系理论及变分原理[M].北京：科学出版社，2001.

[6] 俞茂宏．混凝土强度理论及其应用[M]．北京：高等教育出版社，2002.

[7] 宋玉普．多种混凝土材料的本构关系和破坏准则[M]．北京：中国水利水电出版社，2002.

[8] 叶艳霞，张志银，刘月，等．基于弹头型屈服的轻骨料混凝土强度准则[J]．工程力学，2019，36（1）：138-145.

[9] WANG L C. Multi-axial strength criterion of lightweight aggregate（LWA）concrete under the Unified Twin-shear strength theory [J]．Structure Engineering and Mechanics，2012，41（4）：495-508.

[10] 余振鹏，黄侨，谢兴华．普通混凝土和轻骨料混凝土双轴加载试验研究[J]．建筑材料学报，2019，22（3）：371-377.

[11] LIU H Y，SONG Y P．Experimental study of lightweight aggregate concrete under multiaxial stresses[J]．Journal of Zhejiang University（Science A），2010，11（8）：545-554.

[12] REN Y，YU Z P，HUANG Q，et al．Constitutive model and failure criterions for lightweight aggregate concrete：A true triaxial experimental test[J]．Construction and Building Materials，2018，171：759-769.

第五章　纤维混凝土损伤比强度准则

5.1　概　　述

钢纤维混凝土（steel fiber reinforced concrete，SFRC）三轴强度试验研究结果[1-7]表明，钢纤维混凝土与普通混凝土破坏包络面的几何形状特征类似[8-9]，且破坏面相对饱满[1]，即 Lode 角较大时八面体剪应力值差别不明显，而由于钢纤维提高了混凝土抗拉能力导致 Lode 角较小时八面体剪应力值明显提高。此外，聚丙烯纤维增强混凝土（polypropylene fiber reinforced concrete，PFRC）、混杂纤维混凝土（hybrid fiber reinforced concrete，HFRC）和钢纤维高性能轻骨料混凝土（steel fiber reinforced high performance lightweight aggregate concrete，SFRHPLWAC）三轴试验数据较少，已有试验数据[10-12]表明，量纲一下上述三类纤维混凝土的三轴强度空间分布规律与钢纤维混凝土无明显差别。

本章将损伤比强度理论应用于纤维混凝土，主要构思如下：

（1）确定纤维混凝土损伤比强度准则中损伤比变量表达式的六经验参数取值，以确保损伤比强度准则的破坏包络面与纤维混凝土试验结果接近。

（2）根据已有试验结果，对损伤比强度准则和现有各强度准则进行比较分析。

（3）确定围压三轴和二轴应力状态下纤维混凝土损伤比强度准则简化表达式的经验参数取值。

5.2　损伤比变量

5.2.1　经验参数与破坏包络面

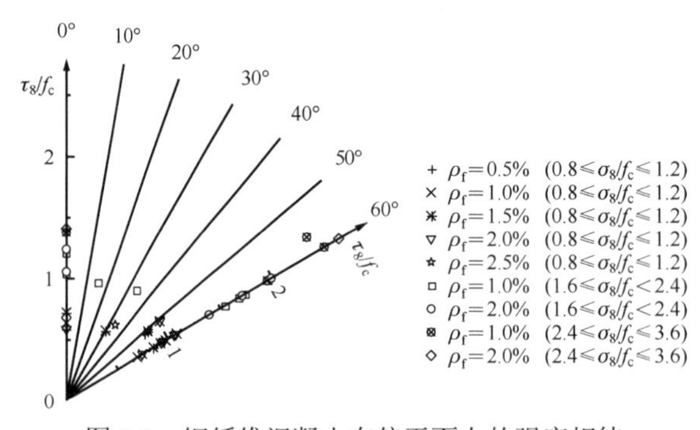

图 5-1　钢纤维混凝土在偏平面上的强度规律

根据钢纤维体积率（ρ_f）为 0.5%～2.5%的钢纤维混凝土三轴强度试验资料[1-7]，图 5-1 所示为不同钢纤维体积率和相同静水压力段的钢纤维混凝土在偏平面上的强度规律，可见钢纤维体积率对量纲一下钢纤维混凝土三轴强度空间分布规律无明显影响，因此当钢纤维体积率为 0.5%～2.5%时，可不考虑钢纤维体积率对量纲一下钢纤维混凝土三轴强度的影响。通过对钢纤维混凝土三轴强度试验资料[1-7]的分析，本书建议损伤比变量表达式（2-20）中各经验参数取值见表 5-1。

表 5-1　损伤比变量各经验参数取值

经验参数	取值	经验参数	取值
a_1	0.01	a_4	0.42
a_2	0.74	a_5	8.80
a_3	1.20	a_6	0.15

此外，现有聚丙烯纤维混凝土（PFRC）[10]、混杂纤维混凝土（HFRC）[11]和钢纤维高性能轻骨料混凝土（SFRHPLWAC）[12]三轴试验数据表明，量纲一下该三类纤维混凝土的三轴强度空间分布规律与钢纤维混凝土无明显差别，为此该三类纤维混凝土损伤比强度准则所采用的损伤比变量表达式中各经验参数取值与钢纤维混凝土相同。在表 5-1 所示各经验参数取值下的损伤比变量表达式，由表 2-1 形成的纤维混凝土损伤比强度准则对应的三维破坏包络面如图 5-2 所示。

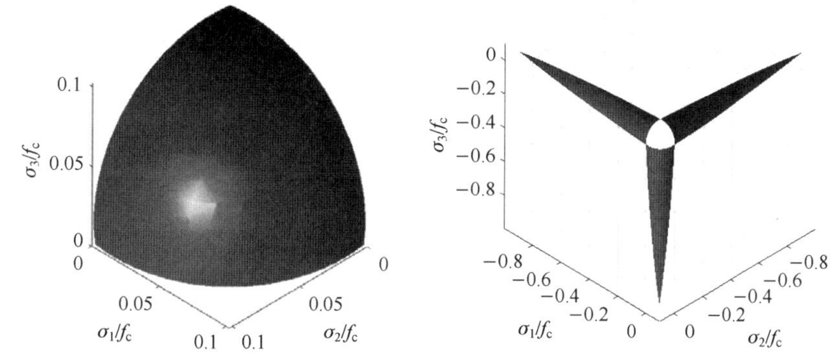

(a) 三轴受拉

(b) 二轴受拉一轴受压

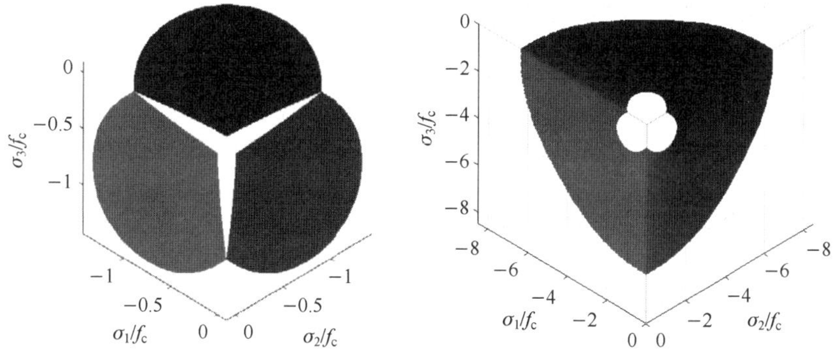

(c) 一轴受拉二轴受压

(d) 三轴受压

图 5-2　纤维混凝土损伤比强度准则对应的三维破坏包络面

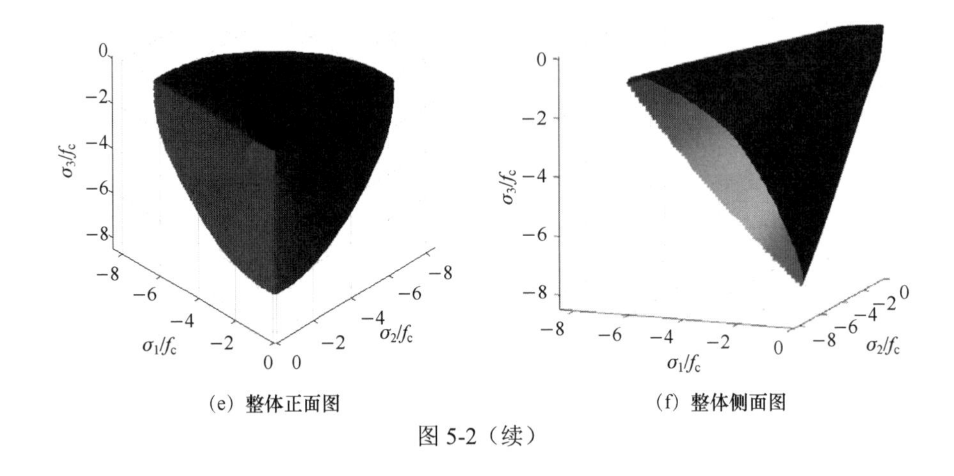

图 5-2（续）

5.2.2　损伤比变量验证

为验证表 5-1 所示各经验参数取值在损伤比变量表达式（2-20）中应用的合理性，同时考虑到试验过程中应力测试比较精确而应变测试误差较大，本书选取部分试验结果对不同应力状态下的钢纤维混凝土损伤比取值进行比较，如图 5-3 所示。

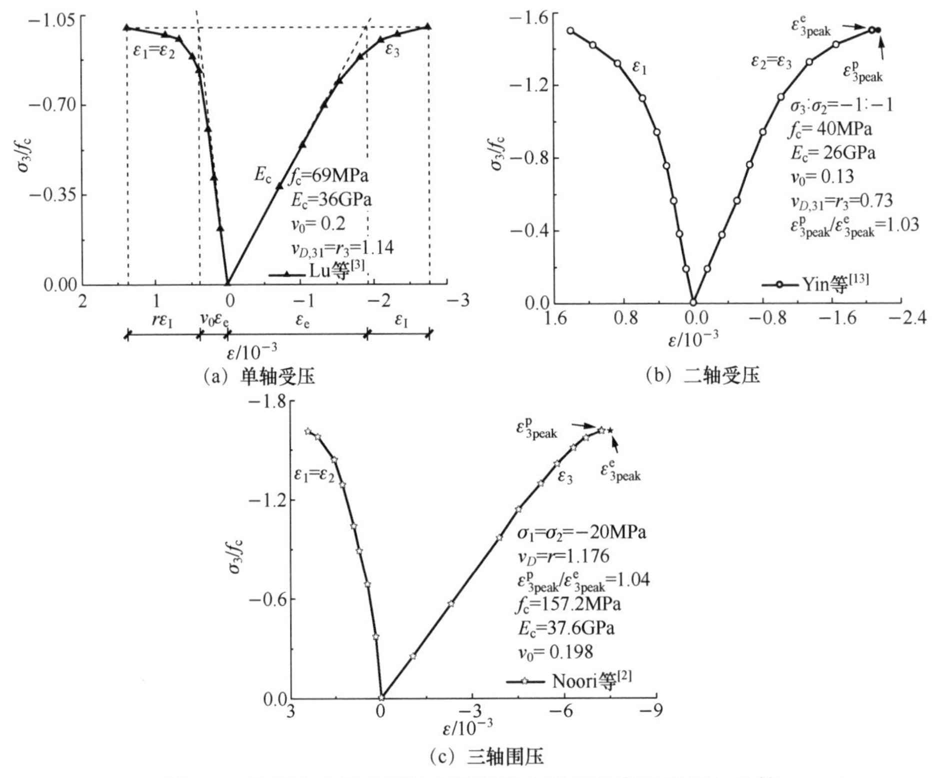

图 5-3　典型受力状态下钢纤维混凝土损伤比变量验证与比较

由图 5-3 可见：

（1）单轴受力状态时可根据第二章中基本假定（1）和（2）直接计算得到压、拉损伤比值，由 Lu 等[3]单轴受压应力-应变测试曲线，图 5-3（a）作图可得 $v_{D,31}$=1.14，而损伤比变量表达式计算得单轴受压时损伤比取值为 1.19。

（2）二轴和三轴受力状态[2, 13]时，根据给定应力状态时的压、拉损伤比变量表达式（2-20）确定取值和最大主应力轴（1 轴）峰值应变测试结果已知的前提下，由钢纤维混凝土三轴本构关系表达式（2-5）计算得到最小主应力轴（3 轴）的峰值应变，将峰值应变计算结果（$\varepsilon_{3\text{peak}}^{\text{p}}$）与试验结果（$\varepsilon_{3\text{peak}}^{\text{e}}$）进行比较，可间接推定其损伤比取值的合理性，由图 5-3（b）和（c）可知，两者误差在 5%以内。

5.3　损伤比强度准则

5.3.1　损伤比强度准则验证

为分析纤维混凝土损伤比强度准则的破坏包络面规律与精度，本书收集了国内外共 129 组钢纤维体积率（ρ_{f}）为 0.5%～2.5%的钢纤维混凝土（SFRC）[1-7]、15 组聚丙烯纤维混凝土（PFRC）[10]、5 组混杂纤维混凝土（HFRC）[11]和 36 组钢纤维高性能轻骨料混凝土（SFRHPLWAC）[12]三轴强度试验资料。纤维混凝土损伤比强度准则对应的拉压子午线、围压（$\sigma_1=\sigma_2\geqslant\sigma_3$）三轴强度和偏平面强度预测值与钢纤维混凝土试验值的比较如图 5-4 所示。

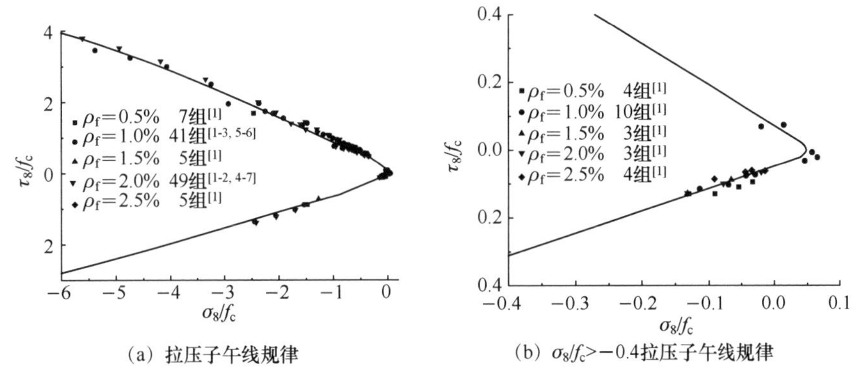

（a）拉压子午线规律　　（b）σ_8/f_c>−0.4拉压子午线规律

图 5-4　纤维混凝土损伤比强度准则对应的预测值与钢纤维混凝土试验值比较

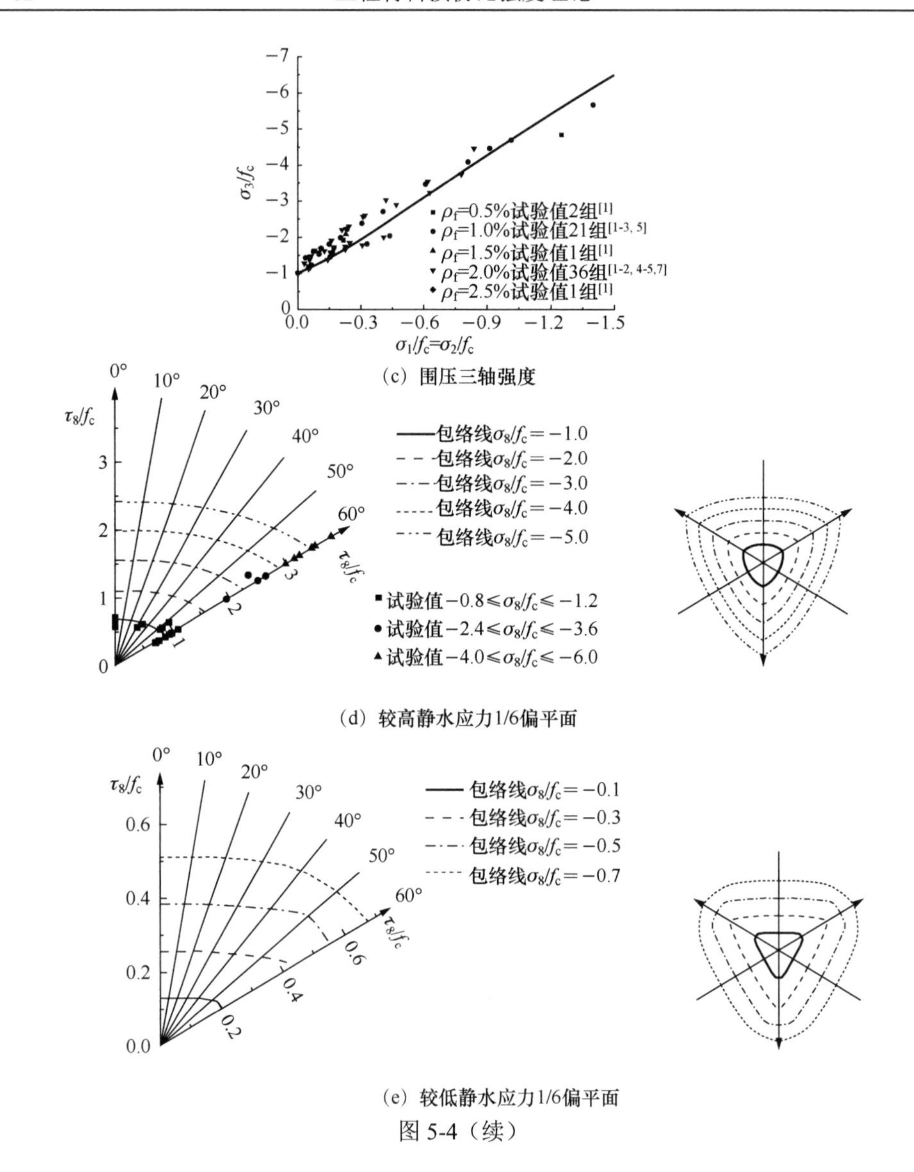

（c）围压三轴强度

（d）较高静水应力1/6偏平面

（e）较低静水应力1/6偏平面

图 5-4（续）

由图 5-4 可以看出：

（1）拉压子午线上的强度分布规律表明，钢纤维体积率对量纲一下钢纤维混凝土三轴强度无明显影响。

（2）当钢纤维混凝土处于真三轴应力状态时，六参数钢纤维混凝土损伤比强度准则在较高静水压力时其包络面有收拢趋势，偏平面外凸，破坏包络面整体上与钢纤维混凝土三轴试验值变化规律一致。

（3）当钢纤维混凝土处于围压三轴应力状态时，六参数纤维混凝土损伤比强度准则预测值与围压三轴试验值变化规律基本一致。

纤维混凝土损伤比强度准则与聚丙烯纤维混凝土、混杂纤维混凝土和钢纤维高性能轻骨料混凝土试验数据的比较如图 5-5 所示。

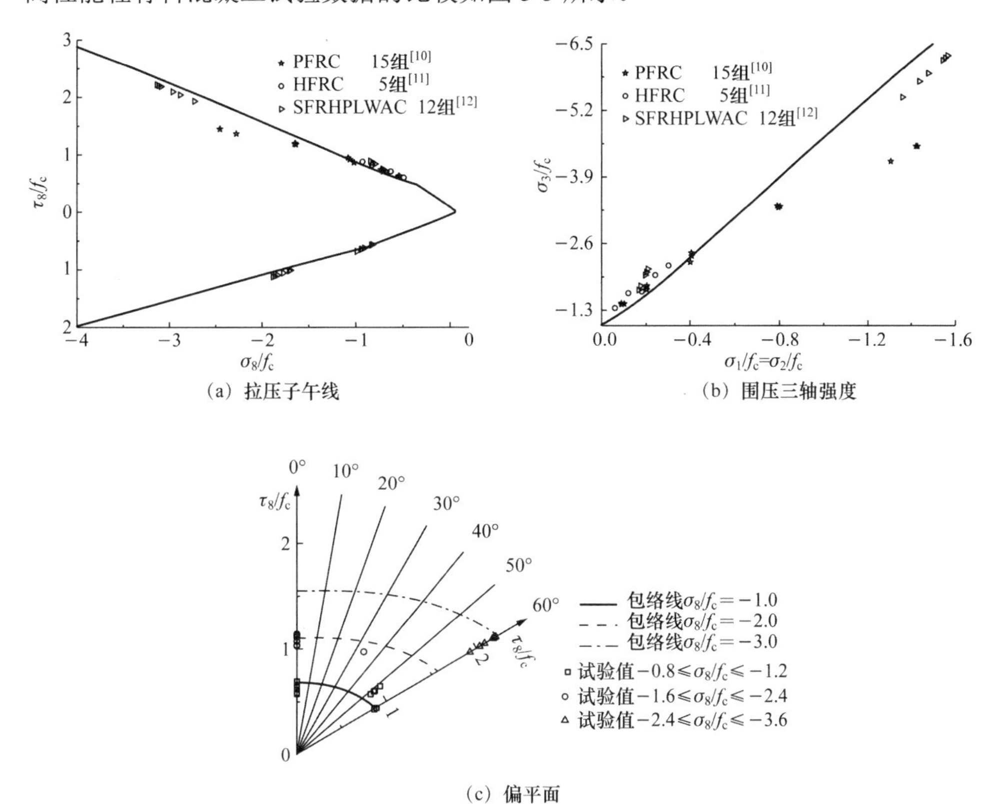

(a) 拉压子午线　　(b) 围压三轴强度

(c) 偏平面

图 5-5　纤维混凝土损伤比强度准则预测值与其他纤维混凝土试验值比较

由图 5-5 可知：

（1）量纲一下聚丙烯纤维混凝土、混杂纤维混凝土和钢纤维高性能轻骨料混凝土三轴强度规律没有明显差别。

（2）纤维混凝土损伤比强度准则在拉压子午线、偏平面以及围压三轴强度的预测规律与聚丙烯纤维混凝土、混杂纤维混凝土和钢纤维高性能轻骨料混凝土三轴试验数据变化规律一致。

不同纤维体积率下各类纤维混凝土三轴强度试验值分别与纤维混凝土损伤比强度准则预测值比较，纤维混凝土损伤比强度准则精度（试验值与预测值的比的均值）比较见表 5-2，所有试验资料钢纤维混凝土（SFRC）129 组、聚丙烯纤维混凝土（PFRC）15 组、混杂纤维混凝土（HFRC）5 组、钢纤维高性能轻骨料混凝土（SFRHPLWAC）36 组，采用八面体剪应力值进行比较，可见各类纤维混凝土损伤比强度准则的计算精度都较高。

表 5-2　纤维混凝土损伤比强度准则精度比较

材料类型	纤维体积率/%		试验组数	均值	离散系数
	钢纤维	聚丙烯			
SFRC	0.5	0.0	10	1.006	0.060
	1.0	0.0	51	1.035	0.109
	1.5	0.0	8	0.983	0.057
	2.0	0.0	52	1.070	0.067
	2.5	0.0	8	0.951	0.109
PFRC	0.0	0.1	5	0.961	0.116
	0.0	0.3	5	0.934	0.124
	0.0	0.5	5	0.963	0.116
HFRC	1.2	0.1	5	1.085	0.023
SFRHPLWAC	0.5	0.0	12	1.030	0.064
	1.0	0.0	12	1.048	0.059
	1.5	0.0	12	1.051	0.060

5.3.2　各强度准则的比较

将本书建议的纤维混凝土六参数损伤比强度准则与宋玉普等[1]三参数八面体强度准则，以及 Noori 等[2]、Lu 等[3]和 Ren 等[4]提出的以 Mohr-Coulomb 一参数、Willam-Warnke 五参数和幂律二参数强度准则为数学模型的围压三轴破坏准则进行比较。其中，宋玉普等[1]三参数八面体强度准则考虑钢纤维体积率对钢纤维混凝土三轴强度影响，其经验参数取值按原文建议值（见表 5-3），采用钢纤维混凝土全部三轴应力状态试验数据（129 组）进行比较；而 Noori 等[2]、Lu 等[3]和 Ren 等[4]提出的破坏准则中仅适用于围压三轴试验，其经验参数取值方法均为数值拟合，该类准则比较时本书采用原文建议的经验参数（见表 5-3），并利用上述提及的四类纤维混凝土的围压三轴试验数据（83 组）进行比较。

表 5-3　各钢纤维混凝土强度准则表达式及经验参数

强度准则	强度理论形式	表达式	经验参数数量	经验参数确定方法
宋玉普等[1]	八面体强度理论	$\frac{\tau_8}{f_c}=A_{\rho_f}+B_{\rho_f}\left(\frac{\sigma_8}{f_c}\right)+C_{\rho_f}\left(\frac{\sigma_8}{f_c}\right)^2$ 其中 $\begin{cases}A_{\rho_f}=0.046+0.013\lambda_f\\-B_{\rho_f}=0.68+0.15\lambda_f\\-C_{\rho_f}=0.038+0.0188\lambda_f\end{cases}$ $\lambda_f=\rho_f l/d$ 钢纤维体积率特征参数 $\lambda_f=\rho_f l/d$，ρ_f 为钢纤维体积率，l、d 分别为钢纤维长度和直径	3	钢纤维体积率特征参数 λ_f（λ_f = 0.25，0.50，0.75，1.00，1.25）
Noori 等[2]	八面体强度理论	$\theta=60°,\ \frac{\tau_8}{f_c}=a+b\left(\frac{\sigma_8}{f_c}\right)+c\left(\frac{\sigma_8}{f_c}\right)^2$	3	最小二乘法（a=−0.0078，b=−1.354，c= −0.699）
	单剪强度理论	$\theta=60°,\ \frac{\sigma_3}{f_c}=-1+a\frac{\sigma_1}{f_c}$	1	最小二乘法（a= 5.93）
		$\theta=60°,\ \frac{\sigma_3}{f_c}=-1+a\left(-\frac{\sigma_1}{f_c}\right)^b$	2	最小二乘法（a=−2.08，b= 0.528）
Lu 等[3]	八面体强度理论	$\theta=60°,\ \frac{\tau_8}{f_c}=a+b\left(\frac{\sigma_8}{f_c}\right)+c\left(\frac{\sigma_8}{f_c}\right)^2$	3	最小二乘法（a=0.165，b= −0.638，c= −0.055）
	单剪强度理论	$\theta=60°,\ \frac{\sigma_3}{f_c}=-1+a\frac{\sigma_1}{f_c}$	1	最小二乘法（a= 3.95）
Ren 等[4]	八面体强度理论	$\theta=60°,\ \frac{\tau_8}{f_c}=a+b\left(\frac{\sigma_8}{f_c}\right)+c\left(\frac{\sigma_8}{f_c}\right)^2$	3	最小二乘法（a=0.177，b= −0.656，c= −0.062）
	单剪强度理论	$\theta=60°,\ \frac{\sigma_3}{f_c}=-1+a\frac{\sigma_1}{f_c}$	1	最小二乘法（a= 4.1）
		$\theta=60°,\ \frac{\sigma_3}{f_c}=-1+a\left(-\frac{\sigma_1}{f_c}\right)^b$	2	最小二乘法（a= −3.5，b= 0.72）

1．钢纤维混凝土

本书建议的纤维混凝土损伤比强度准则和宋玉普等[1]三参数八面体强度准则所对应的拉压子午线和偏平面上的强度预测值与试验值的比较如图 5-6 和图 5-7 所示。

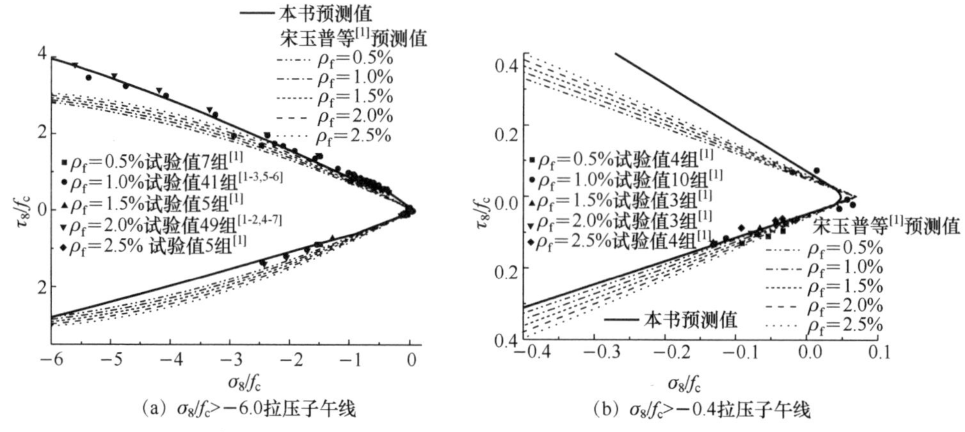

(a) $\sigma_8/f_c>-6.0$拉压子午线　　(b) $\sigma_8/f_c>-0.4$拉压子午线

图 5-6　各钢纤维混凝土强度准则下拉压子午线预测值与试验值的比较

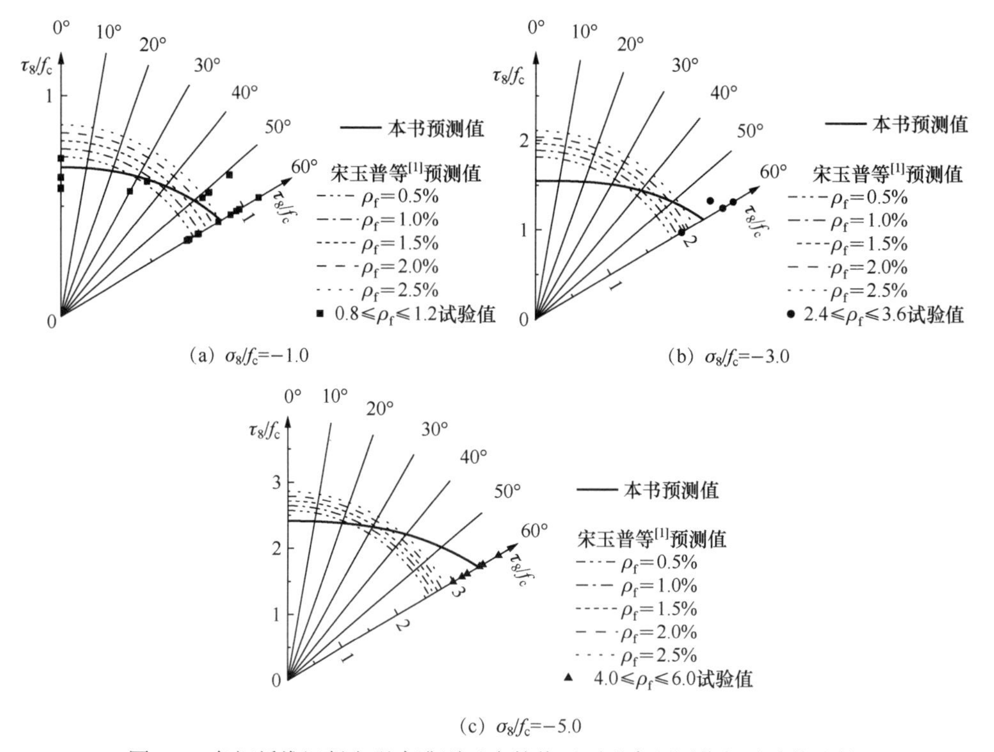

(a) $\sigma_8/f_c=-1.0$　　(b) $\sigma_8/f_c=-3.0$

(c) $\sigma_8/f_c=-5.0$

图 5-7　各钢纤维混凝土强度准则对应的偏平面强度预测值与试验值比较

由图 5-6 和图 5-7 可以看出：

(1) 由于宋玉普等[1]三参数八面体强度准则中经验参数由宋玉普等[1]针对当时三轴试验数据拟合确定，该准则没有考虑 Lode 角 θ 对钢纤维混凝土空间破坏曲面形状的影响，其压子午线相对于试验值整体偏低而拉子午线相对偏高；由于目前试验数据增多，因此本书建议的损伤比强度准则的拉压子午线强度预测值与试验值较一致。

（2）宋玉普等[1]八面体强度准则的破坏包络面顶点出现尖角，而本书建议的六参数损伤比强度准则的破坏包络面顶点光滑。

（3）由于宋玉普等[1]八面体强度准则没有考虑 Lode 角 θ，其偏平面强度预测值在 θ=60°时偏低，随着 Lode 角的减小，该准则预测值逐渐偏高；而本书建议的损伤比强度准则的偏平面变化规律与试验数据基本一致。

表 5-4 为各类纤维混凝土强度准则精度（试验值与预测值的比的均值）的比较，采用八面体剪应力值进行对比，可见本书建议的损伤比强度准则预测值和各钢纤维混凝土的多轴强度试验值相比，精度都较高。

表 5-4　纤维混凝土强度准则精度比较

强度准则	体积率/%	组数	三轴受压		三轴拉压		全部三轴受力	
			均值	离散系数	均值	离散系数	均值	离散系数
本书	0.5~5	129	1.04	0.077	0.99	0.134	1.026	0.097
宋玉普等[1]	0.5	10	1.056	0.189	1.153	0.129	1.095	0.171
	1.0	51	1.232	0.19	1.277	0.317	1.244	0.234
	1.5	8	0.943	0.194	0.826	0.013	0.899	0.173
	2.0	52	1.182	0.145	0.836	0.057	1.162	0.16
	2.5	8	0.911	0.176	0.713	0.131	0.812	0.203

2. 四类纤维混凝土

纤维损伤比强度准则对应的围压三轴强度预测值与钢纤维混凝土（SFRC）、聚丙烯纤维混凝土（PFRC）、混杂纤维混凝土（HFRC）和钢纤维高性能轻骨料混凝土（SFRHPLWAC）四类纤维混凝土试验值的比较如图 5-8 所示。

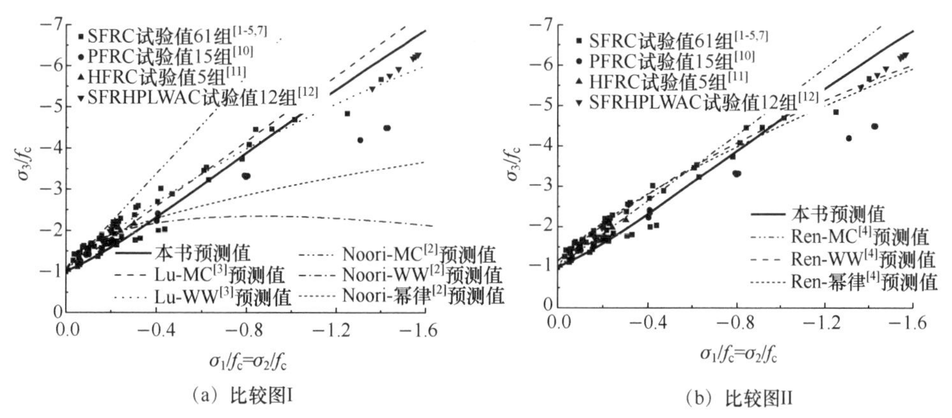

（a）比较图I　（b）比较图II

图 5-8　各纤维混凝土强度准则下围压强度预测值与试验值的比较

由图 5-8 可知：

（1）Noori 等[2]、Lu 等[3]和 Ren 等[4]强度准则中经验参数由各自围压三轴试验拟合确定，由于试验数据增多，作者建议的损伤比强度准则、Lu 等[3]和 Ren 等[4]强度准则围压三轴强度预测值与试验值较一致。

（2）Noori 等[2]、Lu 等[3]和 Ren 等[4]提出的以 Willam-Warnke 五参数八面体强度准则为数学模型的围压三轴破坏准则中经验参数取值方法均为数值拟合，三者都不能退化到单轴受压情况（$\sigma_1=\sigma_2=0$，$\sigma_3=-f_c$）。

各强度准则预测值与四类纤维混凝土多轴试验值比较其精度见表 5-5。表 5-5 中采用主应力值进行对比，可见本书建议的纤维混凝土损伤比强度准则和 Lu 等[3]和 Ren 等[4]强度准则预测值和各类纤维混凝土围压强度试验值相比较精度较高。

表 5-5 纤维混凝土强度准则精度比较

强度准则		统计特征值	
		均值	离散系数
本书		1.090	0.142
Noori 等[2]	Mohr-Coulomb	0.814	0.197
	Willam-Warnke	1.238	0.424
	幂律准则	1.087	0.218
Lu 等[3]	Mohr-Coulomb	0.992	0.133
	Willam-Warnke	0.974	0.107
	Mohr-Coulomb	0.975	0.137
Ren 等[4]	Willam-Warnke	0.922	0.106
	幂律准则	0.914	0.112

5.4 简化围压三轴损伤比强度准则

围压三轴受力状态下，根据式（2-22），简化的纤维混凝土损伤比强度准则的侧压系数表达为

$$b_1=3.66 \tag{5-1}$$

由图 5-9 可知，通过本书建议的围压下真三轴损伤比强度准则（图中表示为“通用形式”）以及简化围压三轴损伤比强度准则（图中表示为“简化形式”）预测值与实测值[1-5, 7, 10-12]的比较可见，简化后的围压三轴损伤比强度准则预测值与纤维混凝土试验数据变化规律整体一致。简化前后准则精度（试验值与预测值的比的均值）比较见表 5-6，可见简化后围压三轴损伤比强度准则整体精度有所提高。

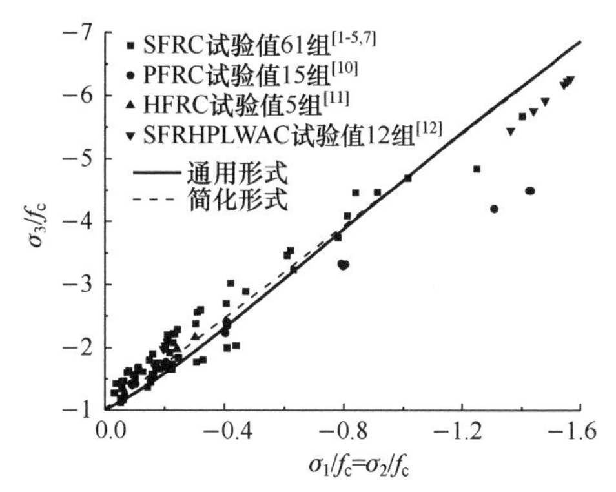

图 5-9　围压三轴损伤比强度准则及比较

表 5-6　围压三轴损伤比强度准则精度比较

材料	模型	统计特征值	
		均值	离散系数
SFRC	真三轴	1.122	0.127
	简化围压三轴	1.056	0.116
PFRC	真三轴	0.957	0.159
	简化围压三轴	0.909	0.128
HFRC	真三轴	1.143	0.037
	简化围压三轴	1.055	0.044
SFRHPLWAC	真三轴	1.070	0.144
	简化围压三轴	1.018	0.100

5.5　简化二轴损伤比强度准则

二轴应力状态下，表 2-2 中简化的纤维混凝土损伤比强度准则表达式经验参数取值见表 5-7，此时二轴等压强度 f_{cc}=1.36f_c。图 5-10 所示为本书建议的钢纤维混凝土强度准则二轴形式（图中表示为“通用形式”）、简化二轴强度强度准则（图中表示为“简化形式”）预测值与试验值[13-17]的比较，可见简化后的二轴损伤比强度准则与钢纤维混凝土的二轴试验数据变化规律整体一致。

表 5-7　简化二轴损伤比强度准则各经验参数取值

经验参数	取值	经验参数	取值
c_1	0.30	c_3	1.46
c_2	1.34	c_4	0.92

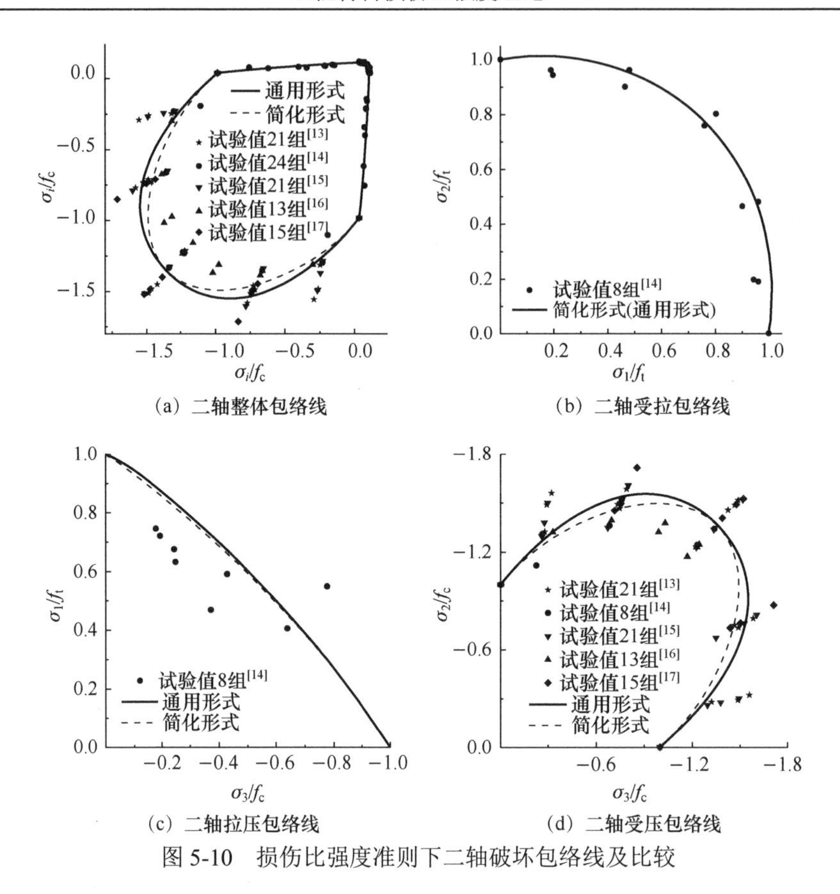

图 5-10　损伤比强度准则下二轴破坏包络线及比较

小　　结

（1）根据已有试验资料关于纤维混凝土破坏包络面的特征，推荐了纤维混凝土损伤比强度准则中损伤比变量表达式的经验参数，损伤比变量取值得到了单轴、二轴和三轴受力状态下钢纤维混凝土应力-应变曲线试验结果的验证。

（2）与宋玉普等[1]八面体强度准则，以及 Noori 等[2]、Lu 等[3]和 Ren[4]等提出的以 Mohr-Coulomb 一参数、Willam-Warnke 五参数和幂律二参数强度准则为数学模型的围压三轴破坏准则相比较，各应力状态下的各类纤维混凝土六参数损伤比强度准则与试验结果符合较好，整体精度较高。

（3）针对围压三轴和二轴受力状态，推荐了进一步简化的钢纤维混凝土围压三轴和二轴损伤比强度准则表达式经验参数取值。

参 考 文 献

[1] 宋玉普，赵国藩，彭放，等．三向应力状态下钢纤维混凝土的强度特性及破坏准则[J]．土木工程学报，1994，27（3）：14-23.

[2] NOORI A，SHEKARCHI M，MORADIAN M，et al. Behavior of steel fiber-reinforced cementitious mortar and high-performance concrete in triaxial loading[J]．ACI Materials Journal，2015，112（1）：95-103.

[3] LU X B，HSU C T T. Behavior of high strength concrete with and without steel fiber reinforcement in triaxial compression[J]．Cement and Concrete Research，2006，36（9）：1679-1685.

[4] REN G M，WU H，FANG Q，et al. Triaxial compressive behavior of UHPCC and applications in the projectile impact analyses[J]．Construction and Building Materials，2016（113）：1-14.

[5] 程庆国，高路彬，徐蕴腺．钢纤维混凝土理论及应用[M]．北京：中国铁道出版社，1999.

[6] CHERN J C，YANG H J，CHEN H W. Behavior of steel fiber reinforced concrete in multiaxial loading[J]．ACI Materials Journal，1992，89（1）：32-40.

[7] BABANAJAD S K，FARNAM Y，SHEKARCHI M. Failure criteria and triaxial behaviour of HPFRC containing high reactivity metakaolin and silica fume[J]．Construction and Building Materials，2012，29：215-229.

[8] 宋玉普，赵国藩，彭放，等．多轴应力下多种混凝土材料的通用破坏准则[J]．土木工程学报，1996，29（1）：25-32.

[9] 过镇海，王传志．多轴应力下混凝土的强度和破坏准则研究[J]．土木工程学报，1991，24（3）：1-14.

[10] BABAVALIAN A，RANJBARAN A H，SHAHBEYK S. Uniaxial and triaxial failure strength of fiber reinforced EPS concrete[J]．Construction and Building Materials，2020，247: 118617.

[11] 刘希亮，刘少峰，秦本东．纤维混凝土三轴抗压强度及破坏特征的试验研究[J]．河南理工大学学报（自然科学版），2013，32（2）：225-229.

[12] 王怀亮．钢纤维高性能轻骨料混凝土多轴强度和变形特性研究[J]．工程力学，2019，36（8）：122-132.

[13] YIN W S，SU E C M，MANSUR M A，et al. Biaxial tests of plain and fiber concrete[J]．ACI Materials Journal，1989，86（3）：236-243.

[14] MOHAMED R N，ZAMRI N F，ELLIOTT K S，et al. Steel fibre self-compacting concrete under biaxial loading[J]．Construction and Building Materials，2019，224：255-265.

[15] SWADDIWUDHIPONG S，SEOW P E C. Modelling of steel fiber-reinforced concrete under multi-axial loads[J]．Cement and Concrete Research，2006，36（7）：1354-1361.

[16] 董毓利，樊承谋，潘景龙．钢纤维混凝土双向破坏准则的研究[J]．哈尔滨建筑工程学院学报，1993，26（6）：69-73.

[17] TRAINA L A，MANSOUR S A. Biaxial strength and deformational behavior of plain and steel fiber concrete[J]．ACI Materials Journal，1991，88（4）：354-362.

第六章　各向同性岩石损伤比强度准则

6.1　概　　述

迄今为止，众多国内外学者开展了各向同性岩石多轴强度试验研究[1-10]，大量试验结果表明各向同性岩石与普通混凝土三轴强度破坏包络面的几何形状特征[11-14]基本一致，且大于普通混凝土的三轴强度包络面。

本章将损伤比强度理论应用于各向同性岩石材料，主要进行如下构思：

（1）确定各向同性岩石损伤比强度准则中损伤比变量表达式的经验参数，以确保损伤比强度准则的破坏包络面与试验结果接近。

（2）根据已有试验结果，对损伤比强度准则和现有单剪强度理论、双剪强度理论和八面体强度理论下的各强度准则进行比较分析。

（3）确定围压三轴和二轴应力状态下各向同性岩石损伤比强度准则简化表达式的经验参数。

6.2　损伤比变量

6.2.1　经验参数与破坏包络面

现有大多数各向同性岩石材料三轴破坏试验结果[1-10]表明，单轴抗压强度大于 100MPa 的岩石（用“岩石Ⅱ类”表示）破坏包络面较大，而单轴抗压强度小于 100MPa 的岩石（用“岩石Ⅰ类”表示）破坏包络面次之。通过对国内外岩石三轴试验结果及其破坏包络面的分析，作者建议损伤比变量表达式（2-20）中各经验参数取值见表 6-1。

表 6-1　损伤比变量各经验参数取值

材料类型	经验参数					
	a_1	a_2	a_3	a_4	a_5	a_6
岩石Ⅰ类	0.016	0.80	1.8	1.4	18.4	0.15
岩石Ⅱ类	0.006	0.85	2.0	1.6	24.1	0.15

岩石Ⅰ类和岩石Ⅱ类的三维破坏包络面类似，整体岩石Ⅱ类破坏包络面较大，

六参数损伤比表达式下，由表 2-1 所形成的各向同性岩石损伤比强度准则的三维破坏包络面如图 6-1 所示。

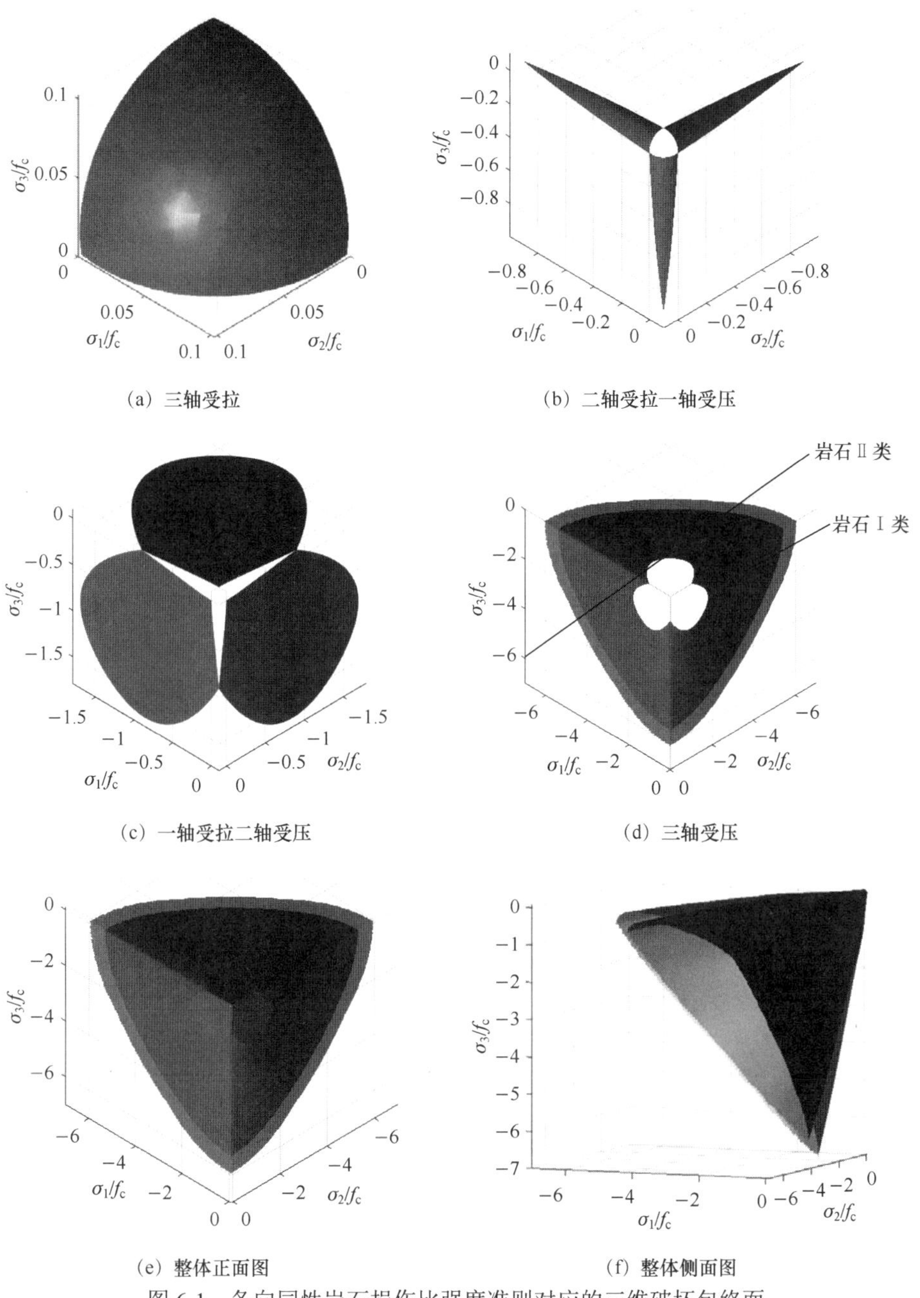

(a) 三轴受拉　(b) 二轴受拉一轴受压

(c) 一轴受拉二轴受压　(d) 三轴受压

(e) 整体正面图　(f) 整体侧面图

图 6-1　各向同性岩石损伤比强度准则对应的三维破坏包络面

6.2.2 损伤比变量验证

为验证表 6-1 中各经验参数取值应用在损伤比变量表达式（2-20）中的合理性，作者选取部分试验结果对单轴受力状态下各向同性岩石损伤比变量取值验证与比较，如图 6-2 所示。根据第二章的基本假定（1）和（2）直接作图得到的压拉损伤比取值确定，由 Davarpanah 等[15]单轴受压应力-应变试验曲线，作图 6-2（a）可得 $v_{D,\mathrm{c}}$=2.11，而损伤比变量表达式（2-20）计算得单轴受压时损伤比为 2.19；由蒋伟[16]单轴受拉应力-应变试验曲线，作图 6-2（b）可得 $v_{D,\mathrm{t}}$为 0.14，而损伤比变量表达式（2-20）提供的单轴受拉时损伤比取值为 0.15。由此可见，单轴受力状态下的损伤比取值基本反映了各向同性岩石的损伤比特性。

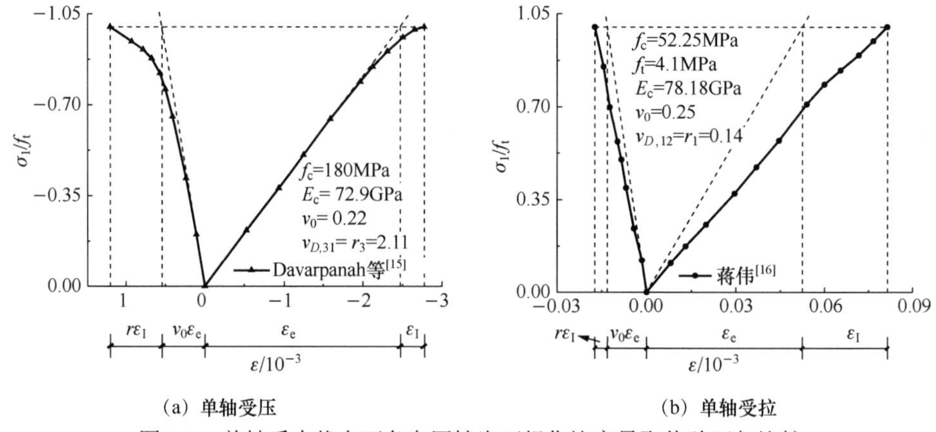

(a) 单轴受压　　　　(b) 单轴受拉

图 6-2　单轴受力状态下各向同性岩石损伤比变量取值验证与比较

6.3 损伤比强度准则

6.3.1 损伤比强度准则验证

为分析各向同性岩石损伤比强度准则的破坏包络面规律与精度，本书收集了国内外共 179 组各种应力状态下的岩石 Ⅰ 类三轴强度的试验资料[1-6]和 165 组各种应力状态下的岩石 Ⅱ 类三轴强度的试验资料[7-10]，损伤比强度准则对应的拉压子午线和围压三轴（σ_1=σ_2≥σ_3）强度预测值与试验值的比较如图 6-3～图 6-5 所示，对应的偏平面规律如图 6-6 所示。

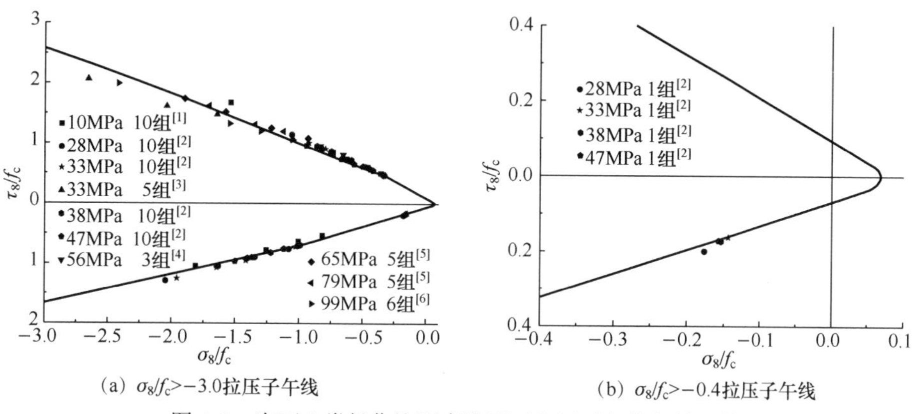

(a) $\sigma_8/f_c>-3.0$拉压子午线　　(b) $\sigma_8/f_c>-0.4$拉压子午线

图 6-3　岩石Ⅰ类损伤比强度准则下拉压子午线规律比较

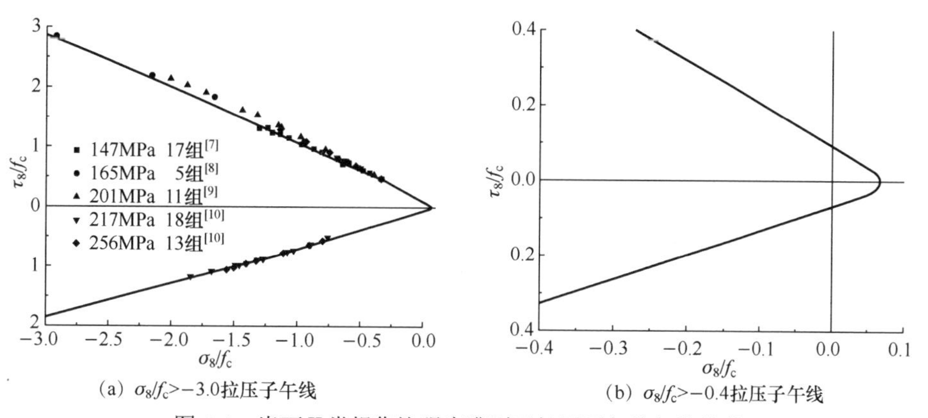

(a) $\sigma_8/f_c>-3.0$拉压子午线　　(b) $\sigma_8/f_c>-0.4$拉压子午线

图 6-4　岩石Ⅱ类损伤比强度准则下拉压子午线规律比较

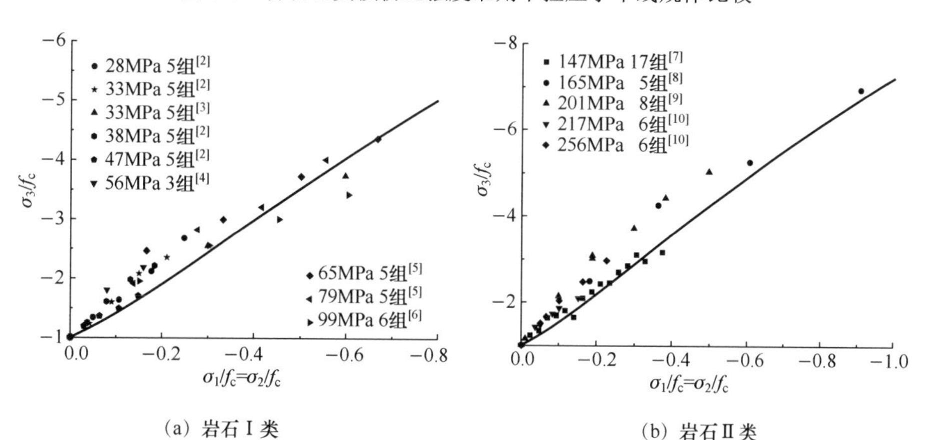

(a) 岩石Ⅰ类　　(b) 岩石Ⅱ类

图 6-5　岩石损伤比强度准则下围压强度规律比较

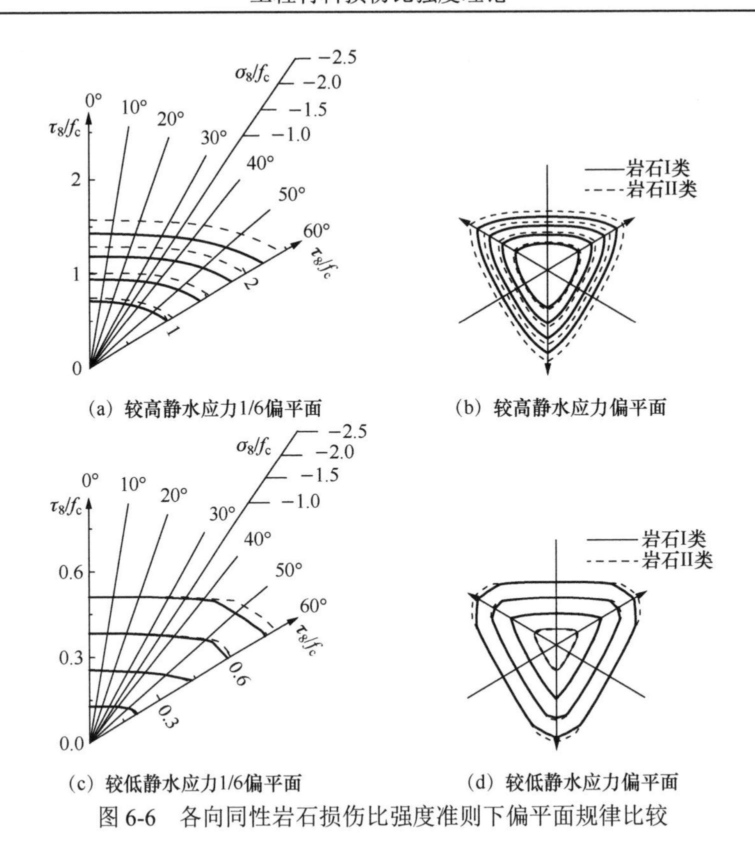

图 6-6　各向同性岩石损伤比强度准则下偏平面规律比较

从图 6-3～图 6-5 可以看出：

（1）各向同性岩石处于真三轴受压应力状态时，六参数各向同性岩石损伤比强度准则在较高静水压力时其包络面有收拢趋势，偏平面外凸，破坏面整体上与岩石Ⅰ类和岩石Ⅱ类三轴试验数据变化规律一致。

（2）各向同性岩石处于三轴围压应力状态时，六参数各向同性岩石损伤比强度准则预测值与岩石Ⅰ类和岩石Ⅱ类围压应力试验值变化规律都较一致。

（3）各向同性岩石处于三轴拉压及三轴受拉等其他三轴应力状态下时，损伤比强度准则与岩石Ⅰ类和岩石Ⅱ类试验数据规律也基本一致，总体上破坏包络面光滑、连续、外凸。

三轴应力状态下损伤比强度准则精度(试验值与预测值的比的均值)见表 6-2。所有试验资料岩石Ⅰ类 179 组（$\sigma_8/f_c>-3.44$)、岩石Ⅱ类 165 组（$\sigma_8/f_c>-4.15$）采用八面体剪应力值进行比较，六参数各向同性岩石损伤比强度准则预测值与试验值的比较，岩石Ⅰ类均值为 1.008，离散系数为 0.084，岩石Ⅱ类均值为 1.025，离散系数为 0.046，可见两类岩石损伤比强度准则的计算精度都较高。

表 6-2　三轴应力状态下损伤比强度准则精度比较

材料类型	试验组数	均值	离散系数
岩石Ⅰ类	179	1.008	0.084
岩石Ⅱ类	165	1.025	0.046

6.3.2　各强度准则的比较

本书对各向同性岩石六参数损伤比强度准则、国内外知名单剪强度准则[17-19]、八面体强度准则[6, 10, 20-29]以及双剪强度准则[30-32]进行比较分析。准则中各经验参数如下：①各准则中的经验参数取值需由强度特征值和由岩石软硬程度与破碎程度而定时，取值见表 6-3；②当经验参数取值方法为数据拟合时，统一用本书收集的各文献中拉压子午线上试验数据对该准则的参数进行拟合确定，各经验参数取值见表 6-4；③各向同性岩石双剪强度准则中，二、三参数线性双剪强度准则中反映中间主切应力以及相应面上正应力对材料破坏程度的参数 b 取 1；④由于三参数非线性双剪强度准则中的经验参数需采用最小二乘法拟合，其含义与 Hoek-Brown 准则[19]中的经验参数相同，为方便对比，本书采用的各经验参数与 Hoek-Brown 准则的经验参数取值相同。

表 6-3　各岩石强度准则经验参数取值

参数确定原则	岩石分类	参数统一取值	备注
特征强度值	岩石Ⅰ类	$f_c=12f_t$、$f_{cc}=1.5f_c$	Jaeger 等[33]根据 7 种岩石单轴抗压和单轴抗拉强度试验结果，给出 f_c/f_t 为 9~16；国内外岩石三轴数据[1-10]表明 f_{cc}/f_c 为 1.5~1.8
	岩石Ⅱ类	$f_c=12f_t$、$f_{cc}=1.8f_c$	
岩石软硬程度（m）和破碎程度（s）	岩石Ⅰ类	$s=1$、$m=15$	$s=1$ 表示岩石完整，本书统一选 $s=1$；根据 Hoek[34]，岩石Ⅰ类 m 取 10~16，岩石Ⅱ类 m 取 28~30
	岩石Ⅱ类	$s=1$、$m=28$	

表 6-4　各岩石强度准则表达式及经验参数取值

准则	表达式	参数数量	参数确定方法
Mohr 等[17]	$F=\sigma_1-\alpha\sigma_3=f_t$	1	f_c
Griffith 等[18]	$\tau_{13}^2=A\sigma_{13}$ $A=-4f_t$	1	f_c
Hoek 等[19]	$\sigma_1-\sigma_3=f_c\left(-m\dfrac{\sigma_1}{f_c}+s\right)^{0.5}$	2	分别由岩石软硬程度和岩石破碎程度而定
Drucker 等[20]	$F=\sqrt{J_2}-\alpha I_1=C$	2	f_t、f_c

续表

准则	表达式	参数数量	参数确定方法
Mogi[6, 10]	$\tau_8 = A(\sigma_1+\sigma_3)^n$	2	最小二乘法（岩石1：A=−1.215、n=0.830；岩石2：A=−1.510、n=0.880）
Argyris-Gudehus[21-22]	$F = a\sigma_8 + b + \tau_8/g(\theta) = 0$ $g(\theta)$为 π 平面上的形状函数， $g(\theta) = 2k/((1+k)+(1-k)\cos 3\theta)$	3	f_t、f_c、f_{cc}
史述昭等[23]	$F = a\sigma_8^2 + b\sigma_8 + c + (\tau_8/g(\theta))^2 = 0$ $g(\theta) = \dfrac{2}{[(1+k)+1.125(1-k)^2]+[(1-k)-1.125(1-k)^2]\cos 3\theta}$	4	f_t、f_c、f_{cc}，内摩擦角
Kim 等[24]	$(I_1^3/I_3-27)(I_1/p_a)^m = \eta$ 考虑岩石的黏聚力和抗拉强度，转换公式为 $\begin{cases}\bar{\sigma}_1 = \sigma_1 + ap_a\\ \bar{\sigma}_2 = \sigma_2 + ap_a\\ \bar{\sigma}_3 = \sigma_3 + ap_a\end{cases}$	3	最小二乘法（岩石1：m=0.970、η= $10^{3.430}$；岩石2：m=0.430、η= $10^{2.850}$）
Aubertin 等[25]	$F = \sqrt{J_2} - F_0F_\pi = 0$ $\begin{cases}F_0 = [\alpha^2(I_1^2-2a_1I_1)+a_2^2]^{1/2}\\ F_\pi = \dfrac{b}{[b^2+(1-b^2)\cos^2(1.5\theta)]^{1/2}}\end{cases}$	4	b 取 0.7~1，常取 0.75；α 由初始内摩擦角确定；a_1 和 a_2 由f_t、f_c确定
Pariseau[26]	$\dfrac{\tau_8}{\tau_8^0} = \left(1-\dfrac{\sigma_8}{\sigma_8^0}\right)^{1/n}$ $\tau_8^0 = B^{1/n} \quad \sigma_8^0 = -B/A$	3	A，B 由 f_t、f_c 和 n 表示，n 主要取 0~2（岩石Ⅰ：n=1.240；岩石Ⅱ：n=1.120）
Pan 等[27]	$\dfrac{9}{2}\dfrac{\tau_8^2}{f_c^2} + \dfrac{3}{2\sqrt{2}}m\dfrac{\tau_8}{f_c} + m\dfrac{\sigma_8}{f_c} = s$	2	由岩石软硬程度和岩石破碎程度而定
Zhang 等[28]	$\dfrac{9}{2}\dfrac{\tau_8^2}{f_c^2} + \dfrac{3}{2\sqrt{2}}m\dfrac{\tau_8}{f_c} + m\dfrac{\sigma_{13}}{f_c} = s$	2	由岩石软硬程度和岩石破碎程度而定
姜华[29]	$\dfrac{9}{2}\dfrac{\tau_8^2}{f_c^2} + \sqrt{2}\cos(\theta)m\dfrac{\tau_8}{f_c} + m\dfrac{\sigma_8}{f_c} = s$	2	由岩石软硬程度和岩石破碎程度而定
Yu 等[30]	$\begin{cases}F = \tau_{13} + b\tau_{12} + \beta(\sigma_{13}+b\sigma_{12}) = C \quad (F \geqslant F')\\ F' = \tau_{13} + b\tau_{23} + \beta(\sigma_{13}+b\sigma_{23}) = C \quad (F < F')\end{cases}$	2	f_t、f_c
俞茂宏等[31]	$\begin{cases}F = \tau_{13} + b\tau_{12} + \beta(\sigma_{13}+b\sigma_{12}) + A\sigma_8 = C \quad (F \geqslant F')\\ F' = \tau_{13} + b\tau_{23} + \beta(\sigma_{13}+b\sigma_{23}) + A\sigma_8 = C \quad (F < F')\end{cases}$	3	f_c、f_{cc}、f_t 或拉压子午线上一点
昝月稳等[32]	$\begin{cases}F = \tau_{13} + b\tau_{12} + \left[A\dfrac{(b\sigma_2+\sigma_3)}{1+b} + C\right]^\beta = 0 \; (\tau_{12} \geqslant \tau_{23})\\ F' = \tau_{13} + b\tau_{12} + [A\sigma_3 + C]^\beta = 0 \quad (\tau_{12} < \tau_{23})\end{cases}$ （双剪广义非线性统一强度准则）	3	f_t、f_c、最小二乘法迭代

1. 拉压子午线

本书建议的各向同性岩石六参数损伤比强度准则和国内外各岩石强度准则对应的拉压子午线预测值与岩石Ⅰ类和岩石Ⅱ类试验值的比较如图 6-7 和图 6-8 所示。

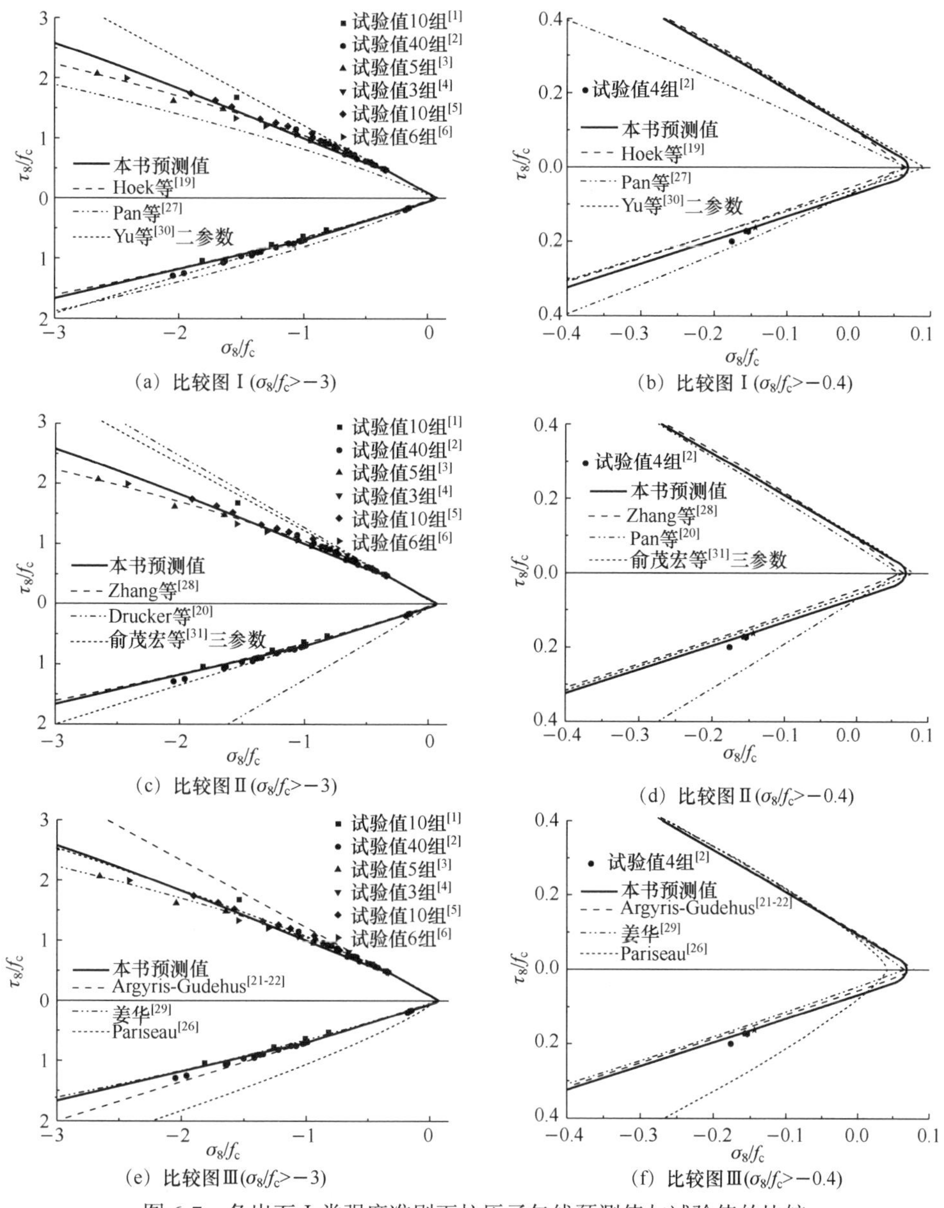

(a) 比较图Ⅰ($\sigma_8/f_c>-3$)　(b) 比较图Ⅰ($\sigma_8/f_c>-0.4$)

(c) 比较图Ⅱ($\sigma_8/f_c>-3$)　(d) 比较图Ⅱ($\sigma_8/f_c>-0.4$)

(e) 比较图Ⅲ($\sigma_8/f_c>-3$)　(f) 比较图Ⅲ($\sigma_8/f_c>-0.4$)

图 6-7　各岩石Ⅰ类强度准则下拉压子午线预测值与试验值的比较

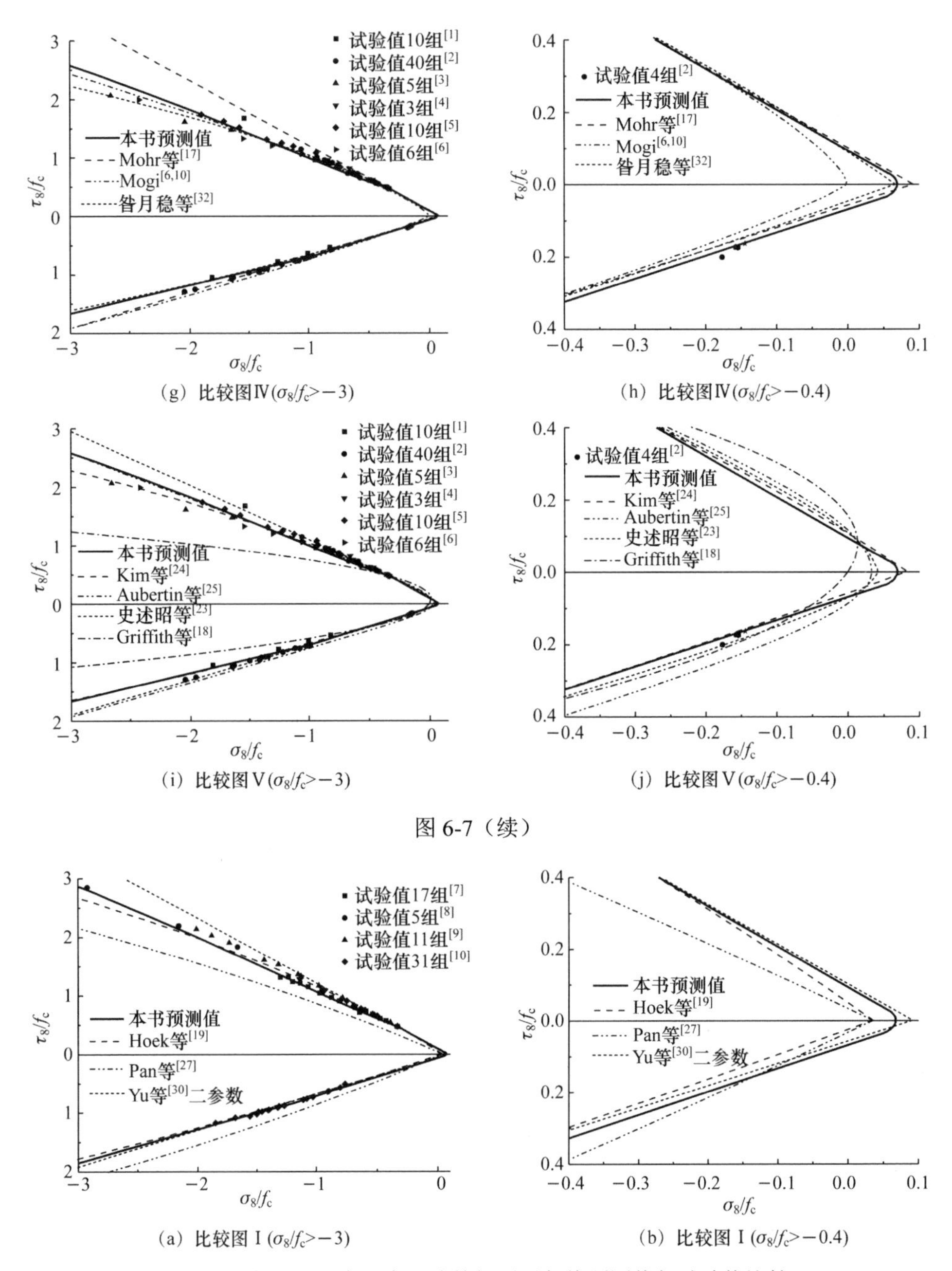

(g) 比较图Ⅳ($\sigma_8/f_c>-3$)　　(h) 比较图Ⅳ($\sigma_8/f_c>-0.4$)

(i) 比较图Ⅴ($\sigma_8/f_c>-3$)　　(j) 比较图Ⅴ($\sigma_8/f_c>-0.4$)

图 6-7（续）

(a) 比较图Ⅰ($\sigma_8/f_c>-3$)　　(b) 比较图Ⅰ($\sigma_8/f_c>-0.4$)

图 6-8　各岩石Ⅱ类强度理论的拉压子午线预测值与试验值比较

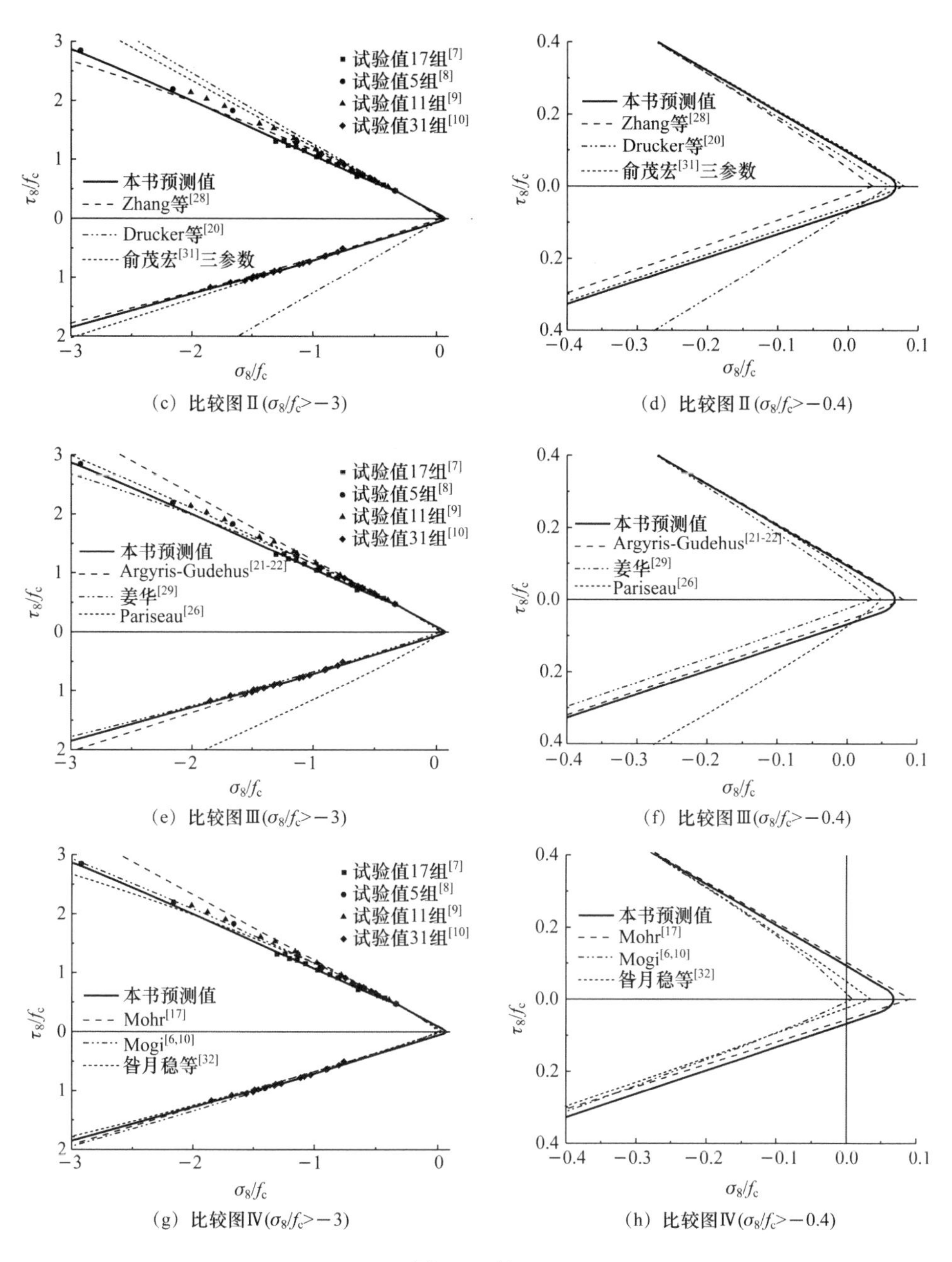

（c）比较图Ⅱ($\sigma_8/f_c > -3$)　（d）比较图Ⅱ($\sigma_8/f_c > -0.4$)

（e）比较图Ⅲ($\sigma_8/f_c > -3$)　（f）比较图Ⅲ($\sigma_8/f_c > -0.4$)

（g）比较图Ⅳ($\sigma_8/f_c > -3$)　（h）比较图Ⅳ($\sigma_8/f_c > -0.4$)

图 6-8（续）

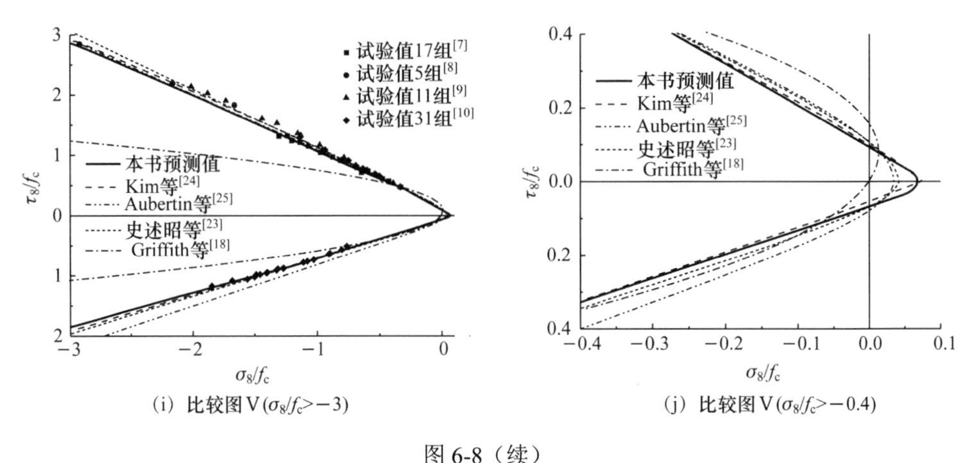

(i) 比较图V($\sigma_8/f_c>-3$)　　(j) 比较图V($\sigma_8/f_c>-0.4$)

图 6-8（续）

由图 6-7 和图 6-8 可以看出：

（1）Mohr 一参数单剪强度准则[17]、Argyris-Gudehus 三参数八面体强度准则[21-22]、Yu 等[30]双剪二参数和俞茂宏等[31]双剪三参数对应的压子午线上的强度预测值相对于岩石Ⅱ类在拉压子午线上的强度规律较一致，而相对于岩石Ⅰ类试验值偏高。

（2）Pariseau[26]三参数八面体强度准则对应的压子午线预测值与岩石Ⅰ类和岩石Ⅱ类试验值吻合程度良好，但在拉子午线上的三轴强度预测值明显比试验值高。

（3）本书建议的各向同性岩石损伤比强度准则，Hoek 等[19]二参数单剪强度准则，Mogi[6, 10]二参数、Kim 等[24]三参数、Aubertin 等[25]四参数、史述昭等[23]四参数、Zhang 等[28]二参数和姜华[29]二参数等八面体强度准则，以及昝月稳等[32]三参数非线性双剪强度准则的岩石Ⅰ类和岩石Ⅱ类拉压子午线规律与相应的试验数据分布规律较一致，其中 Mogi[6, 10]二参数八面体强度和 Kim 等[24]三参数八面体强度准则中的经验参数由数据拟合而定。

（4）其余准则对应的拉压子午线预测值与岩石Ⅰ类和岩石Ⅱ类的试验值吻合程度均较差。

（5）六参数各向同性岩石损伤比强度准则、Griffith 等[18]一参数单剪强度准则、史述昭等[23]、Aubertin 等[25]和 Pariseau 等[26]八面体强度准则拉压子午线与横轴拉端交点光滑，其余八面体与单剪、双剪强度准则的破坏包络面顶点均出现尖角。

2. 围压三轴强度

本书建议的各向同性岩石六参数损伤比强度准则与国内外各岩石强度准则对

应的围压三轴强度预测值与岩石Ⅰ类和岩石Ⅱ类试验值的比较如图 6-9 和图 6-10 所示。

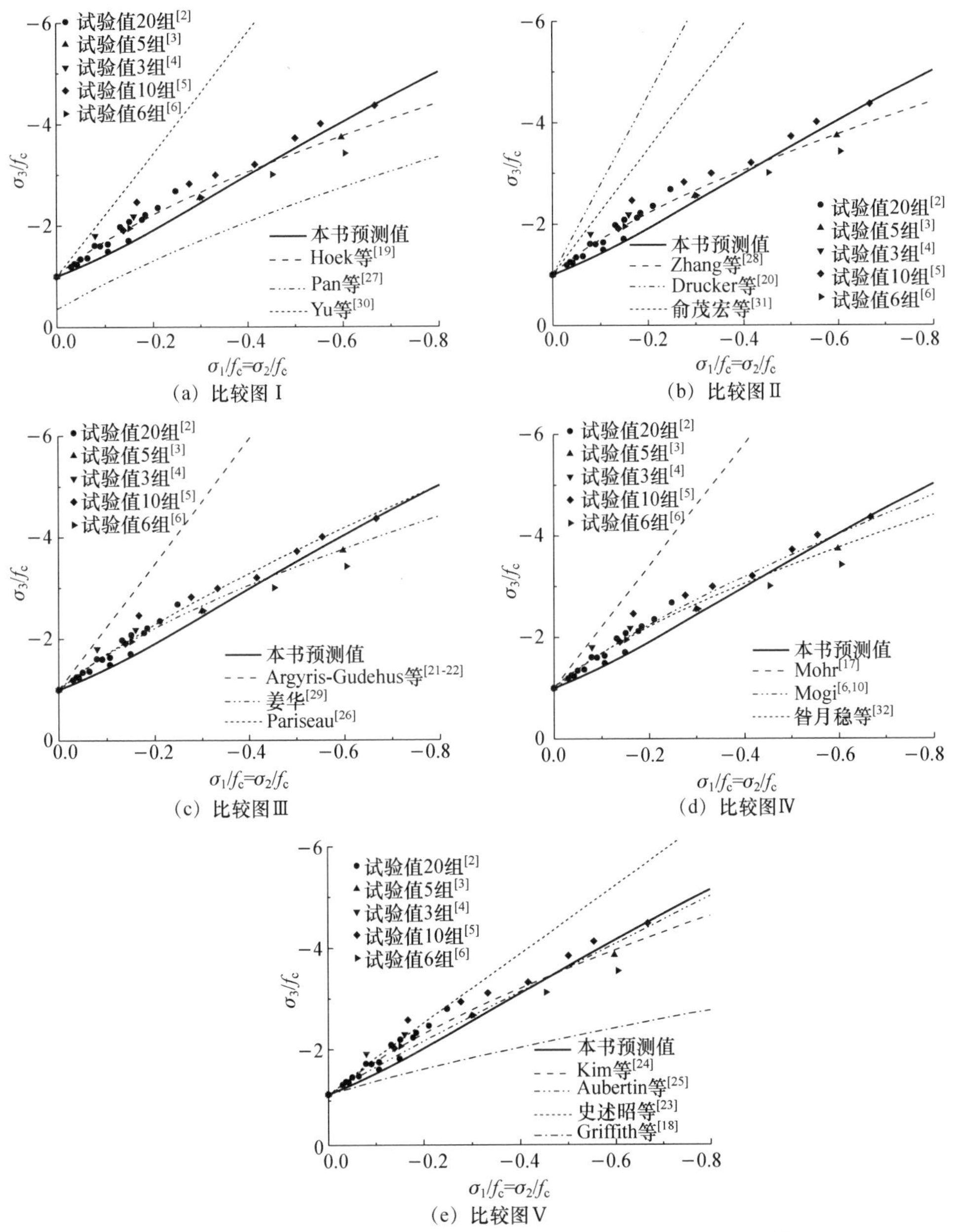

(a) 比较图Ⅰ　(b) 比较图Ⅱ　(c) 比较图Ⅲ　(d) 比较图Ⅳ　(e) 比较图Ⅴ

图 6-9　各岩石Ⅰ类强度准则下围压强度预测值与试验值的比较

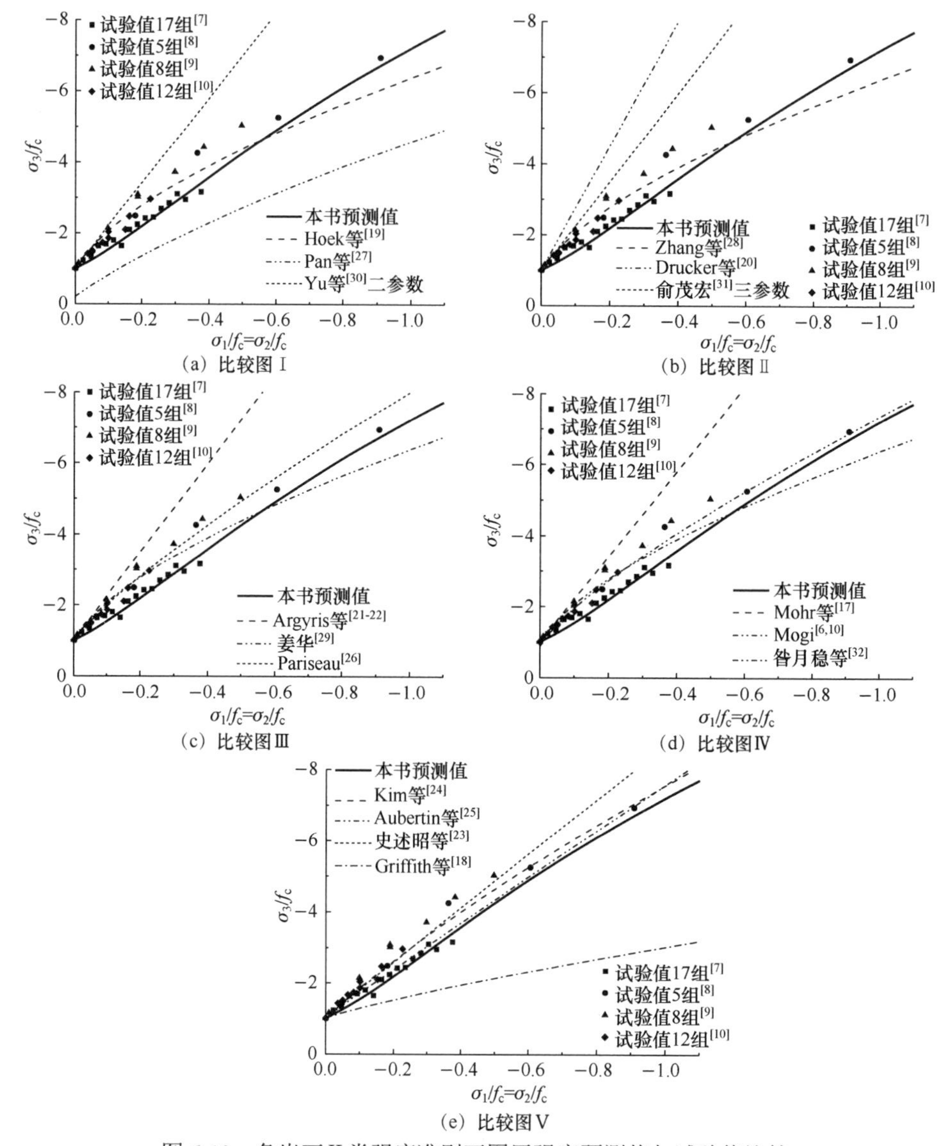

图 6-10　各岩石Ⅱ类强度准则下围压强度预测值与试验值比较

由图 6-9 和图 6-10 可知：

（1）相对于岩石Ⅱ类，史述昭等[23]四参数八面体强度准则对应的围压三轴强度预测值与试验值吻合程度较好，而相对于岩石Ⅰ类预测值偏高。

（2）各向同性岩石损伤比强度准则，Hoek 等[19]二参数单剪强度准则，Mogi[6, 10]二参数、Kim 等[24]三参数、Aubertin 等[25]四参数、Pariseau[26]三参数、Zhang 等[28]二参数和姜华[29]二参数等八面体强度准则，以及昝月稳等[32]三参数非线性双剪强度准则的岩石Ⅰ类和岩石Ⅱ类围压三轴强度预测值与试验值较一致。

（3）Mogi 等[17]、Kim 等[24]和 Pan 等[27]二参数等八面体强度准则的围压三轴强度规律不能退化到单轴受压情况（$\sigma_1=\sigma_2=0$，$\sigma_3=-f_c$）。

（4）Griffith 等[18]一参数单剪强度准则围压三轴强度预测值偏低，而 Mohr 等[17]一参数单剪强度准则、Argyris-Gudehus[21-22]三参数和 Pan 等[27]二参数八面体强度准则、Yu 等[30]二参数双剪强度准则和俞茂宏等[31]三参数双剪强度准则对应围压三轴强度预测值偏高。

3. 偏平面

各向同性岩石损伤比强度准则与其他各强度准则对应的偏平面强度比较如图 6-11 和图 6-12 所示。

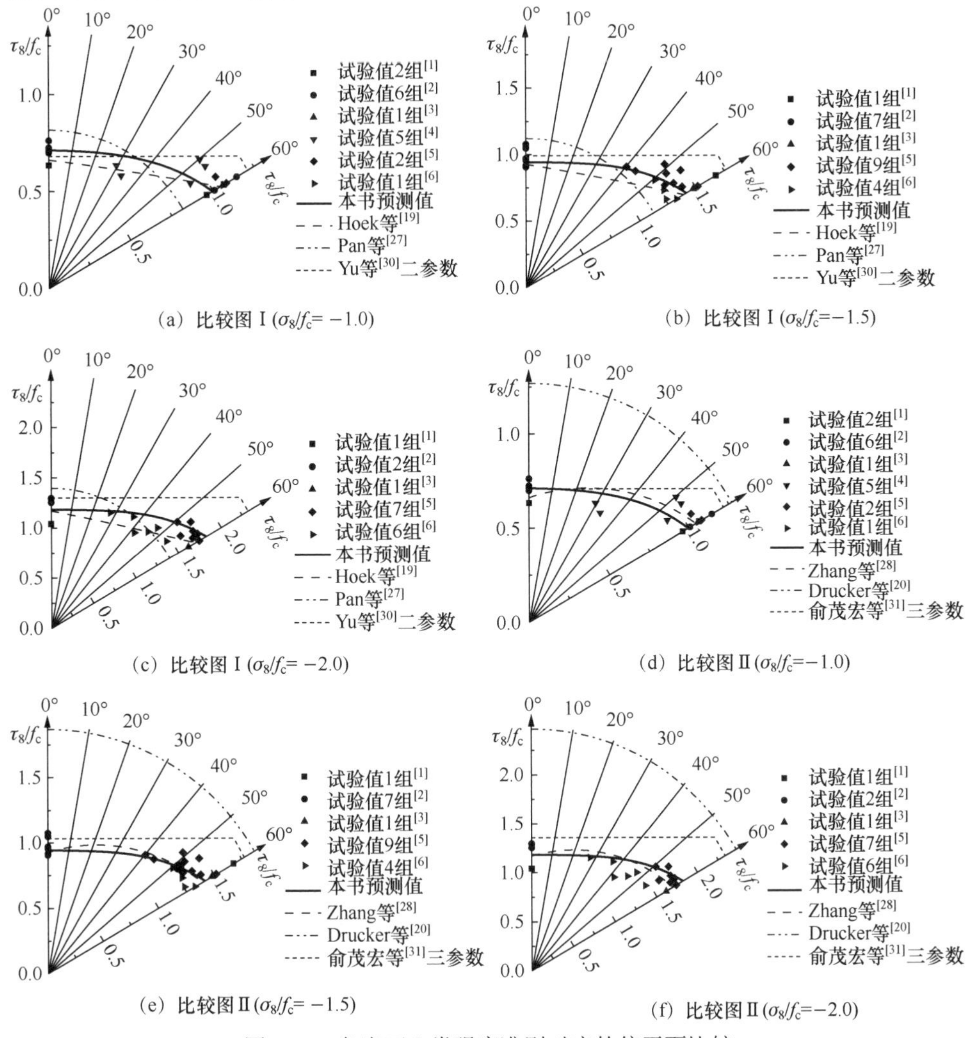

图 6-11　各岩石 I 类强度准则对应的偏平面比较

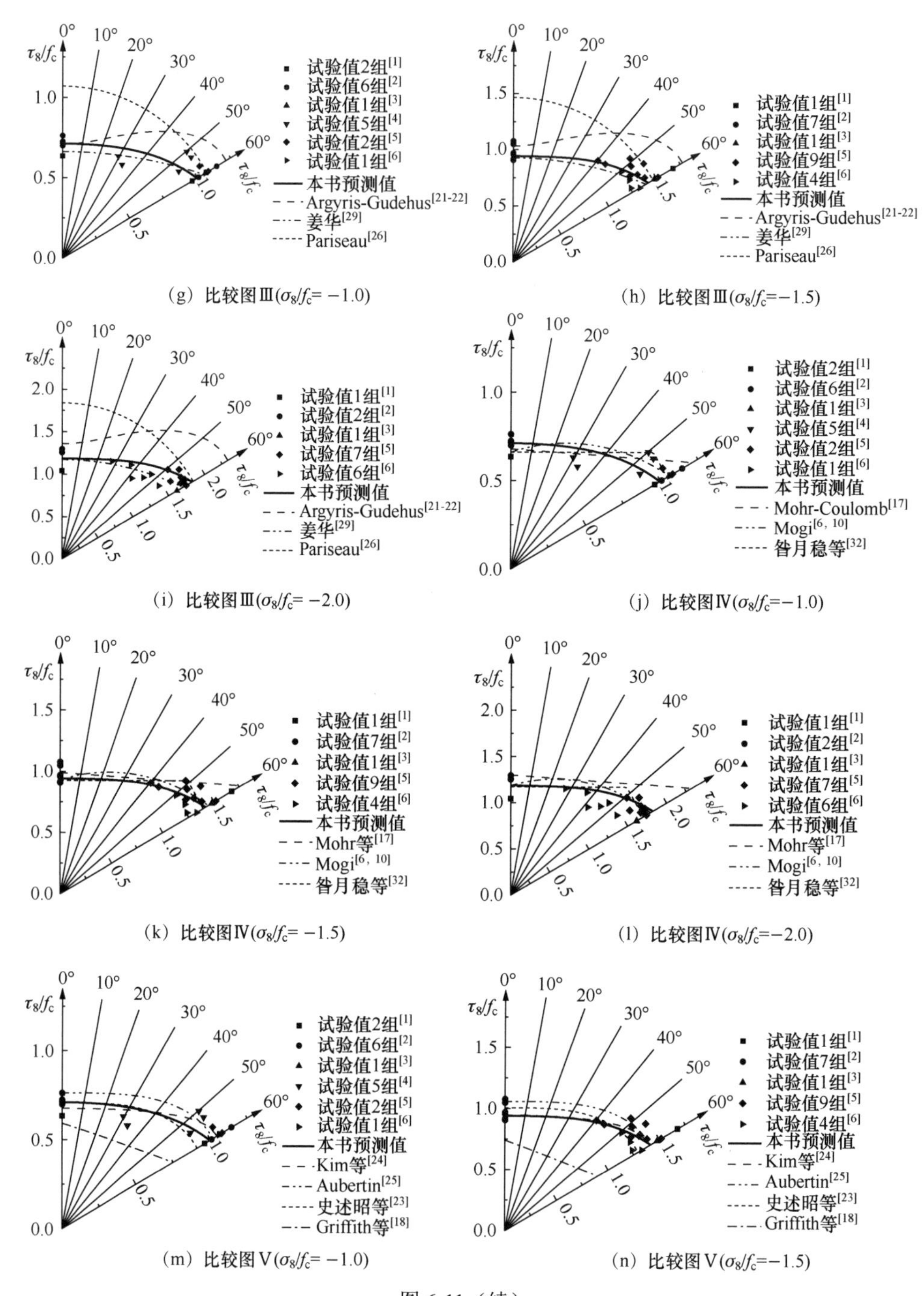

(g) 比较图Ⅲ($\sigma_8/f_c=-1.0$)

(h) 比较图Ⅲ($\sigma_8/f_c=-1.5$)

(i) 比较图Ⅲ($\sigma_8/f_c=-2.0$)

(j) 比较图Ⅳ($\sigma_8/f_c=-1.0$)

(k) 比较图Ⅳ($\sigma_8/f_c=-1.5$)

(l) 比较图Ⅳ($\sigma_8/f_c=-2.0$)

(m) 比较图Ⅴ($\sigma_8/f_c=-1.0$)

(n) 比较图Ⅴ($\sigma_8/f_c=-1.5$)

图 6-11(续)

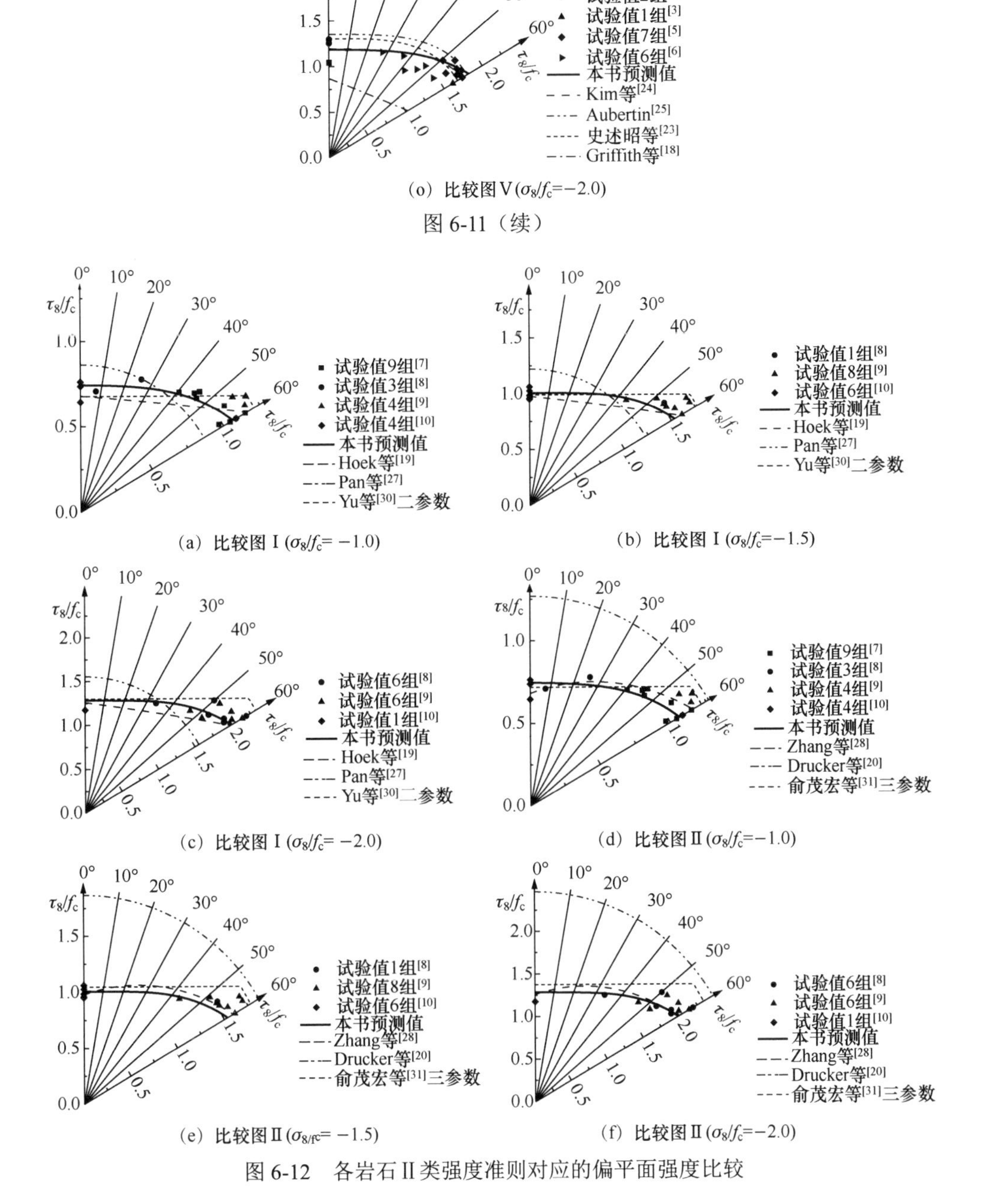

(o) 比较图Ⅴ(σ_8/f_c=−2.0)

图 6-11（续）

(a) 比较图Ⅰ(σ_8/f_c= −1.0)

(b) 比较图Ⅰ(σ_8/f_c=−1.5)

(c) 比较图Ⅰ(σ_8/f_c= −2.0)

(d) 比较图Ⅱ(σ_8/f_c=−1.0)

(e) 比较图Ⅱ($\sigma_{8/fc}$= −1.5)

(f) 比较图Ⅱ(σ_8/f_c=−2.0)

图 6-12　各岩石Ⅱ类强度准则对应的偏平面强度比较

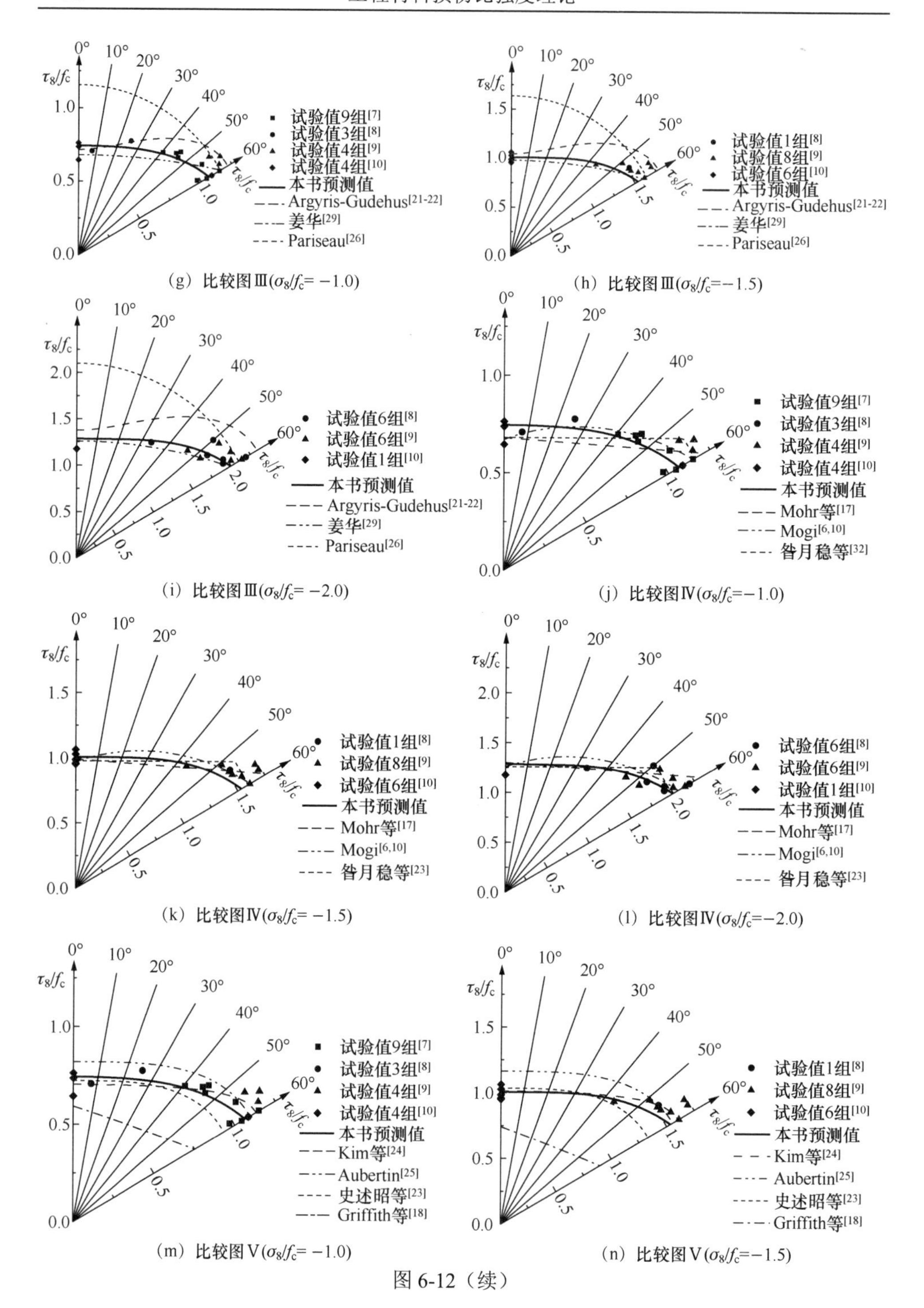

(g) 比较图Ⅲ($\sigma_8/f_c=-1.0$)

(h) 比较图Ⅲ($\sigma_8/f_c=-1.5$)

(i) 比较图Ⅲ($\sigma_8/f_c=-2.0$)

(j) 比较图Ⅳ($\sigma_8/f_c=-1.0$)

(k) 比较图Ⅳ($\sigma_8/f_c=-1.5$)

(l) 比较图Ⅳ($\sigma_8/f_c=-2.0$)

(m) 比较图Ⅴ($\sigma_8/f_c=-1.0$)

(n) 比较图Ⅴ($\sigma_8/f_c=-1.5$)

图 6-12（续）

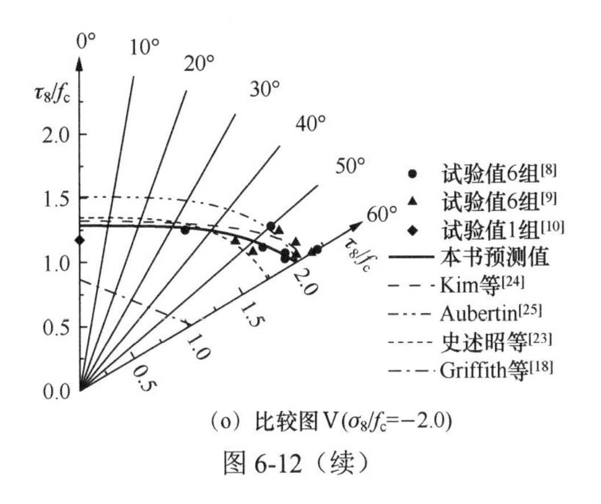

（o）比较图Ⅴ(σ_8/f_c=−2.0)

图 6-12（续）

由图 6-11 和图 6-12 可以看出：

（1）由于单剪强度准则没有考虑中间主应力对材料三轴强度影响，其偏平面包络线与试验规律相比符合较差。

（2）Mogi[6, 10]、Argyris-Gudehus[21-22]和 Zhang 等[28]八面体强度准则的偏平面内凹，而双剪强度准则[30-32]的偏平面包络线出现尖角而不光滑。

（3）在 θ=0°时，Mohr[17]、Argyris-Gudehus[21-22]和 Yu（俞茂宏）等[30-31]强度准则对应的岩石Ⅰ类和岩石Ⅱ类偏平面上的强度预测值与试验值吻合度较好，但随着 Lode 角增大，各准则预测值逐渐偏高。

（4）Drucker 等[20]二参数、Pariseau[26]和 Pan 等[27]八面体强度准则由于不考虑 Lode 角 θ 对三轴强度的影响，三类偏平面包络线为圆形，与岩石试验规律不一致。此外，在 θ=60°时 Pariseau[26]强度准则预测值与试验值吻合度较好，但随着 Lode 角减小，预测值逐渐偏高。

（5）各向同性岩石损伤比强度准则，Mogi[6, 10]、Kim 等[24]、Aubertin[25]、Zhang 等[28]、史述昭等[23]和姜华[29]等八面体强度准则，以及昝月稳等[32]三参数非线性双剪强度准则的偏平面包络线与相应的岩石Ⅰ类和岩石Ⅱ类试验分布规律较一致。

4. 精度比较

各强度准则预测值与岩石Ⅰ类和岩石Ⅱ类试验值比较的精度（试验值与预测值的比的均值）见表 6-5 和表 6-6，其中围压应力状态用主应力进行对比，真三轴应力状态用八面体剪应力进行对比。结果表明：

（1）在围压应力状态时，Hoek 等[19]单剪强度准则，Mogi[6, 10]、Kim 等[24]、Zhang 等[28]和姜华[29]等八面体强度准则和昝月稳等[32]三参数非线性双剪强度准则预测值与岩石Ⅰ类强度试验值比较精度较高，损伤比强度准则次之，相对于岩石Ⅰ类，岩石Ⅱ类强度准则围压下三轴强度的计算精度略差。

（2）在真三轴受压应力状态时，本书的损伤比强度准则，Hoek-Brown 单剪强度准则，Mogi[6, 10]、Kim 等[24]、Zhang 等[28]和姜华[29]等八面体强度准则，昝月稳等[32]非线性双剪强度准则预测值和两类岩石强度试验值相比较精度都较高，而 Aubertin 八面体强度准则对岩石 II 类三轴强度实测值精度较高。

（3）在三轴受拉和三轴拉压应力状态时，损伤比强度准则和两类岩石强度实测值相比较精度都较高，Argyris-Gudehus[21-22]、史述昭等[23]、Kim 等[24]和 Zhang 等[28]八面体强度准则，俞茂宏等[31]三参数非线性双剪强度准则对岩石 I 类三轴强度试验值精度较高。

（4）与所有三轴应力状态试验数据比较，本书损伤比强度准则、Kim 等[24]、Zhang等[28]和姜华[29]八面体强度准则对两类岩石而言计算精度都较高，Mogi[6, 10]八面体强度准则和俞茂宏非线性双剪强度准则对岩石 II 类三轴强度试验值精度较高。

表 6-5　对于岩石 I 类各向同性岩石强度准则精度比较

准则	围压		三轴受压		至少一轴受拉		全部试验	
	均值	离散系数	均值	离散系数	均值	离散系数	均值	离散系数
本书	1.093	0.120	0.997	0.080	1.048	0.086	1.008	0.084
Mohr 等[17]	0.747	0.239	0.914	0.102	1.158	0.131	0.968	0.154
Griffith 等[18]	1.350	0.197	1.340	0.173	0.900	0.076	1.288	0.233
Hoek 等[19]	1.012	0.069	1.040	0.055	1.152	0.138	1.065	0.096
Drucker 等[20]	0.633	0.362	0.712	0.233	0.824	0.208	0.737	0.235
Mogi[6, 10]	1.009	0.071	0.980	0.068	1.144	0.186	1.016	0.133
Argyris-Gudehus[21-22]	0.738	0.248	0.849	0.122	1.010	0.131	0.885	0.146
史述昭等[23]	0.937	0.107	1.044	0.124	0.986	0.117	1.031	0.125
Kim 等[24]	1.024	0.068	0.994	0.053	1.050	0.125	1.006	0.081
Aubertin 等[25]	1.054	0.084	0.945	0.094	0.804	0.104	0.914	0.116
Pariseau[26]	0.982	0.071	0.853	0.172	0.761	0.191	0.833	0.182
Pan 等[27]	2.018	0.250	1.129	0.174	1.079	0.196	1.118	0.180
Zhang 等[28]	1.012	0.069	0.994	0.062	1.038	0.136	1.004	0.088
姜华[29]	1.012	0.069	1.022	0.052	1.140	0.140	1.049	0.097
Yu 等[30]二参数	0.747	0.239	0.888	0.110	1.106	0.135	0.937	0.154
俞茂宏等[31]三参数	0.738	0.248	0.867	0.112	1.071	0.137	0.912	0.153
昝月稳等[32]	1.012	0.069	0.989	0.061	1.116	0.151	1.017	0.108

表 6-6　对于岩石 II 类各向同性岩石强度准则精度比较

准则	围压		三轴受压		至少一轴受拉		全部试验	
	均值	离散系数	均值	离散系数	均值	离散系数	均值	离散系数
本书	1.142	0.115	1.027	0.045	0.969	0.030	1.025	0.046
Mohr 等[17]	0.816	0.167	0.985	0.067	1.030	0.029	0.987	0.066
Griffith 等[18]	1.574	0.257	1.610	0.255	1.144	0.070	1.593	0.259
Hoek 等[19]	0.955	0.117	1.048	0.068	1.029	0.030	1.048	0.067
Drucker 等[20]	0.668	0.267	0.800	0.158	0.553	0.027	0.791	0.167
Mogi[6, 10]	0.995	0.121	0.990	0.045	1.043	0.029	0.992	0.046
Argyris-Gudehus[21-22]	0.803	0.176	0.895	0.076	0.976	0.029	0.898	0.076
史述昭等[23]	1.007	0.104	1.122	0.086	0.962	0.035	1.116	0.089
Kim 等[24]	1.009	0.101	0.992	0.048	0.989	0.032	0.992	0.048
Aubertin 等[25]	1.070	0.104	0.962	0.073	0.846	0.037	0.957	0.076
Pariseau[26]	0.952	0.102	0.887	0.131	0.601	0.036	0.876	0.143
Pan 等[27]	2.549	0.419	1.206	0.133	0.807	0.033	1.191	0.146
Zhang 等[28]	0.955	0.117	0.994	0.051	1.029	0.030	0.996	0.051
姜华[29]	0.955	0.117	1.032	0.058	1.029	0.030	1.032	0.057
Yu 等[30]二参数	0.816	0.167	0.941	0.067	1.030	0.029	0.944	0.068
俞茂宏等[31]三参数	0.803	0.176	0.913	0.066	0.976	0.029	0.915	0.066
昝月稳等[32]	0.955	0.117	0.985	0.053	1.029	0.030	0.986	0.053

6.4　简化围压三轴损伤比强度准则

围压三轴受力状态下，根据式（2-22），简化的各向同性岩石损伤比强度准则的侧压系数b_1取值见表6-7。

表 6-7　简化围压三轴损伤比强度准则的侧压系数取值

材料类型	b_1
岩石 I 类	5
岩石 II 类	6.2

图 6-13 为本书建议的围压下真三轴损伤比强度准则（图中表示为“通用形式”）以及简化围压三轴损伤比强度准则预测值（图中表示为“简化形式”）与岩石 I 类[2-6]和岩石 II 类[7-10]试验值的比较，可见简化后的围压三轴损伤比强度准则预测值与两类岩石试验值变化规律整体一致。简化前后准则精度（试验值与预测值的比的

均值）比较见表 6-8，可见简化后准则精度整体上有所提高。

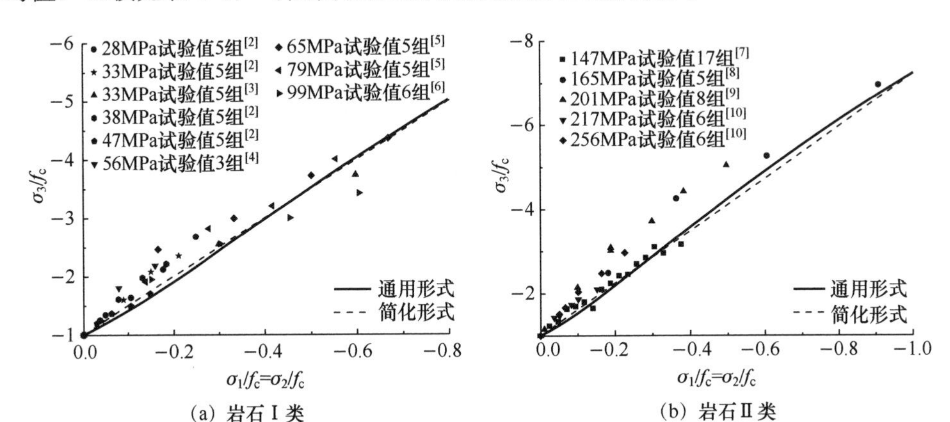

(a) 岩石Ⅰ类　　(b) 岩石Ⅱ类

图 6-13　围压三轴损伤比强度准则预测值与试验值比较

表 6-8　围压三轴损伤比强度准则精度比较

材料类型	准则类型	均值	离散系数
岩石I类	真三轴	1.093	0.120
	简化围压三轴	1.067	0.092
岩石II类	真三轴	1.142	0.115
	简化围压三轴	1.116	0.109

6.5　简化二轴损伤比强度准则

对于二轴受力状态下的各向同性岩石，表 2-2 的简化损伤比强度准则各经验参数取值见表 6-9，此时由损伤比强度准则表达式得到二轴等压强度，针对岩石Ⅰ类 f_{cc}/f_c=1.52，岩石Ⅱ类 f_{cc}/f_c=1.783。

表 6-9　简化二轴损伤比强度准则各经验参数取值

材料类型	c_1	c_2	c_3	c_4	$c_4=2\nu_{D,c}^{u}-c_3$
岩石Ⅰ类	0.3	1.7	1.568	2.22	1.912
岩石Ⅱ类	0.3	1.9	1.685	3.3	2.695

图 6-14 为损伤比强度准则下二轴破坏包络线及比较。由本书建议的各向同性岩石三轴强度准则的二轴形式、简化二轴强度准则预测值与试验值[2, 4-5, 7-10, 35-36]比较可见，简化后的二轴损伤比强度准则预测值与岩石Ⅰ类及岩石Ⅱ类的二轴试验数据规律整体也一致。由于各向同性岩石三轴强度准则的二轴形式（图中表示

为“通用形式”）以及二轴强度试验数据分布规律过于饱满外凸，其经验参数 c_4 取值要大于 2 倍单轴受压损伤比取值减去 c_3（图中表示为“简化形式 I ”）。为方便比较，图 6-14 也给出了经验参数 c_4 为 2 倍单轴受压损伤比取值减去 c_3 时的二轴损伤比强度准则（图中表示为“简化形式 II ”），可见此时二轴损伤比强度准则预测值偏低。

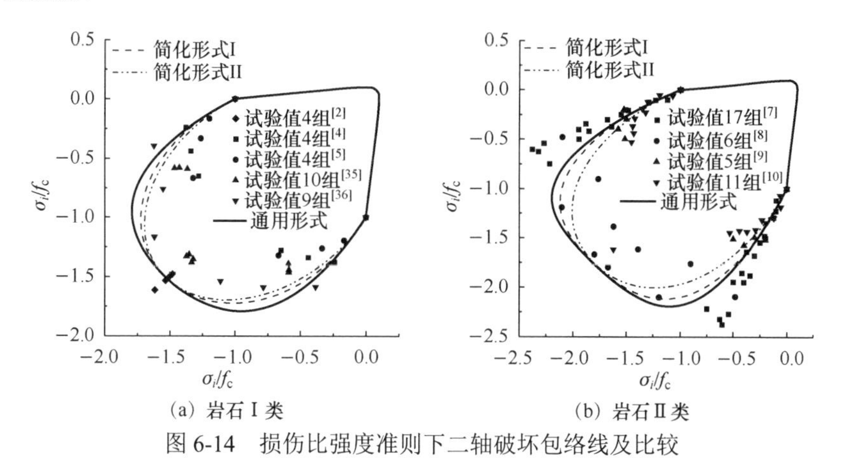

图 6-14 损伤比强度准则下二轴破坏包络线及比较

小 结

（1）根据已有试验资料关于各向同性岩石破坏包络面的特征，推荐了各向同性岩石损伤比强度准则中损伤比变量表达式的经验参数取值，此时的损伤比变量取值得到单轴受力状态下各向同性岩石应力-应变曲线试验结果的验证。

（2）与国内外主要单剪强度准则、八面体强度准则和双剪强度准则相比较，各应力状态下本书建议的损伤比强度准则预测值与国内外各向同性岩石试验结果符合较好，且整体精度较高。

（3）针对围压三轴和二轴受力状态，推荐了进一步简化的各向同性岩石围压三轴和二轴损伤比强度准则表达式的经验参数取值。

参 考 文 献

[1] 张金铸，林天健．三轴试验中岩石的应力状态和破坏性质[J]．力学学报，1979（2）：99-106.

[2] PHUEAKPHUM D，FUENKAJORN K，WALSRI C．Effects of intermediate principal stress on tensile strength of rocks [J]．International Journal of Fracture，2013，181（2）：163-175.

[3] 田军．经验型岩石强度准则的探讨[J]．金属矿山，2001（2）：23-25.

[4] 高延法，陶振宇．岩石强度准则的真三轴压力试验检验与分析[J]．岩土工程学报，1993，15（4）：26-32.

[5] 尹光志，李贺，鲜学福，等．工程应力变化对岩石强度特性影响的试验研究[J]．岩土工程学报，1987，9（2）：20-28.

[6] MOGI K．Fracture and flow of rocks under high triaxial compression [J]．Journal Geophysical Research Atmospheres，1971，76：1255-1269.

[7] WANG R，KEMENY J．A new empirical failure criterion for rock under polyaxial compressive stresses[C]// The 35th U.S. Symposium on Rock Mechanics(USR MS). Reno：American Rock Mechanics Association，1995.

[8] CHANG C D，HAIMSON B．True triaxial strength and deformability of the german continental deep drilling program（KTB）deep hole amphibolite [J]．Journal of Geophysical Research: Solid Earth，2000，105B8：18999-19013.

[9] HAIMSON B，CHANG C．A new true triaxial cell for testing mechanical properties of rock，and its use to determine rock strength and deformability of westerly granite [J]．International Journal of Rock Mechanics and Mining Sciences，2000，37（1-2）：285-296.

[10] MOGI K．Effect of the intermediate principal stress on rock failure [J]．Journal Geophysical Research Atmospheres，1967，72（20）：5117-5131.

[11] 过镇海．混凝土的强度和变形：试验基础和本构关系[M]．北京：清华大学出版社，1997.

[12] 周筑宝．最小耗能原理及其应用：材料的破坏理论、本构关系理论及变分原理[M]．北京：科学出版社，2001.

[13] 俞茂宏．混凝土强度理论及其应用[M]．北京：高等教育出版社，2002.

[14] 俞茂宏，昝月稳，徐栓强．岩石强度理论及其应用[M]．北京：科学出版社，2017.

[15] DAVARPANAH M S，SOMODI G，KOVÁCS L，et al．Complex analysis of uniaxial compressive tests of the Mórágy granitic rock formation（Hungary）[J]．Studia Geotechnica et Mechanica，2019，41（1）：21-32.

[16] 蒋伟．不同岩石抗拉与抗压试验对比研究[D]．南京：南京大学，2014.

[17] MOHR O．Welche Umstände bedingen die Elästizitatsgrenze und den Bruch eines Materials[J]．Zeitschrift des Vereins Deutscher Ingenieure，1900，44（45）：1524-1530.

[18] GRIFFITH J E，BALDWIN W M. Failure theories for generally orthotropic materials [J]. Developments of Theory and Application Mechanics，1962，1：410-420.

[19] HOEK E，BROWN E T．Empirical strength criterion for rock masses [J]．Journal of the Geotechnical Engineering Division，1980，106（9）：1013-1035.

[20] DRUCKER D C，PRAGER W. Soil mechanics and plastic analysis or limit design [J]. Quarterly of Applied Mathematics，1952，10（2）：157-165.

[21] ARGYRIS J H，FAUST G，SZIMMAT J，et al．Recent developments in the finite element analysis of prestressed concrete reactor vessels [J]．Nuclear Engineering and Design，1973，28（1）：42-75.

[22] GUDEHUS G. Elastoplastische Stoffgleichungen für trockenen Sand [J]. Archive of Applied Mechanics，1973，42（3）：151-169.

[23] 史述昭，杨光华. 岩体常用屈服函数的改进[J]. 岩土工程学报，1987，9（4）：60-69.

[24] KIM M K，LADE P V. Modelling rock strength in three dimensions [J]. International Journal of Rock Mechanics and Mining Sciences and Geomechanics Abstracts，1984，21（1）：21-33.

[25] AUBERTIN M，LI L，SIMON R，et al. Formulation and application of a short-term strength criterion for isotropic rocks [J]. Canadian Geotechnical Journal，1999，36（5）：947-960.

[26] PARISEAU W G. On the significance of dimensionless failure criteria [J]. International Journal of Rock Mechanics and Mining Sciences and Geomechanics Abstracts，1994，31（5）：555-560.

[27] PAN X D，HUDSON J A. A simplified three dimensional Hoek-Brown yield criterion[C]//International Society for Rock Mechanics and Rock Engineering，ISRM International Symposium，Madrid，1988：ISRM-IS-1988-011.

[28] ZHANG L Y，ZHU H H. Three-dimensional Hoek-Brown strength criterion for rocks [J]. Journal of Geotechnical and Geoenvironmental Engineering，2007，133（9）：1128-1135.

[29] 姜华. 一种简便的岩石三维 Hoek-Brown 强度准则[J]. 岩石力学与工程学报，2015，34(S1)：2996-3004.

[30] YU M H，HE L N，SONG L Y. Twin shear stress theory and its generalization [J]. Scientia Sinica（Series A），1985，28（11）：1174-1183.

[31] 俞茂宏，刘凤羽. 双剪应力三参数准则及其角隅模型[J]. 土木工程学报，1988，21（3）：90-95.

[32] 昝月稳，俞茂宏. 岩石广义非线性统一强度理论[J]. 西南交通大学学报，2013，48（4）：616-624.

[33] JAEGER J C，COOK N. Fundamentals of Rock Mechanics[M]. 3rd ed. London：Chapman and Hall，1979.

[34] HOEK E. 实用岩石工程技术[M]. 刘丰收，崔志芳，王学潮，等译. 郑州：黄河水利出版社，2002.

[35] 张庆. 双向加载条件下石灰岩力学特性试验研究[D]. 焦作：河南理工大学，2007.

[36] MASO J C，LERAU J. Mechanical behaviour of Darney sandstone（Vosges，France）in biaxial compression [J]. International Journal of Rock Mechanics and Mining Sciences & Geomechanics Abstracts，1980，17（2）：109-115.

第七章　铸铁损伤比强度准则

7.1　概　　述

工程中的铸铁主要处于二轴应力状态，已有铸铁二轴强度试验研究[1-5]表明，量纲一下铸铁的二轴强度分布规律与普通混凝土相似，且整体上小于普通混凝土。

我们将损伤比强度理论应用于铸铁材料，主要构思如下：

（1）确定铸铁损伤比强度准则中损伤比变量表达式的经验参数，确保损伤比强度准则的二轴强度破坏包络线与铸铁试验结果接近。

（2）确定简化二轴铸铁损伤比强度准则表达式的经验参数。

（3）根据已有试验结果，对简化的二轴损伤比强度准则和现有单剪强度理论、双剪强度理论、八面体强度理论下的各强度准则进行比较分析。

7.2　损伤比变量

7.2.1　经验参数

由于铸铁主要处于二轴应力状态，其损伤比变量表达式参数 a_1～a_6 选取方法与混凝土和各向同性岩石有所不同，当不考虑静水压力而仅考虑 Lode 角 θ 对受压损伤比影响时，各经验参数为使损伤比强度准则（2-17）中损伤比变量表达式（2-20）满足以下条件而选定：①双轴等压强度取值合理；②破坏包络线与二轴试验数据吻合较好；③根据第二章基本假定（1）和（2），a_6 由单轴受拉应力-应变试验曲线作图选取。

通过对铸铁二轴强度试验资料[1-5]的分析，本书建议损伤比变量表达式（2-20）中的参数 a_1=a_3=a_4=0，铸铁二轴损伤比强度准则相当于只有三个经验参数，其表达式为

$$\begin{cases} v_{D,\mathrm{c}} = a_2 + a_5\left(\dfrac{\theta}{\pi}\right)^2 \\ v_{D,\mathrm{t}} = a_6 \end{cases} \tag{7-1}$$

式中各经验参数取值见表 7-1。

表 7-1　铸铁损伤比变量各经验参数取值

经验参数	a_2	a_5	a_6
取值	0.55	1.35	0.055

7.2.2　损伤比变量验证

为验证表 7-1 各经验参数取值在损伤比变量表达式（2-20）中应用的合理性，本书选取部分试验结果对单轴受力状态下铸铁损伤比进行变量验证与比较，如图 7-1 所示。根据第二章的基本假定（1）和（2）直接作图得到单轴压、拉损伤比确定值。由赵树山等[2]单轴受压应力-应变试验曲线，作图 7-1（a）可得 $v_{D,c}$=0.68，而通过损伤比变量表达式（2-20）计算得单轴受压时损伤比，取值为 0.70；由赵树山等[2]单轴受拉应力-应变试验曲线，作图 7-1（b）得到 $v_{D,t}$=0.056，而损伤比变量表达式（2-20）提供的单轴受拉时损伤比取值为 0.055。可见，单轴受力状态下的损伤比取值基本反映了铸铁的损伤比特性。

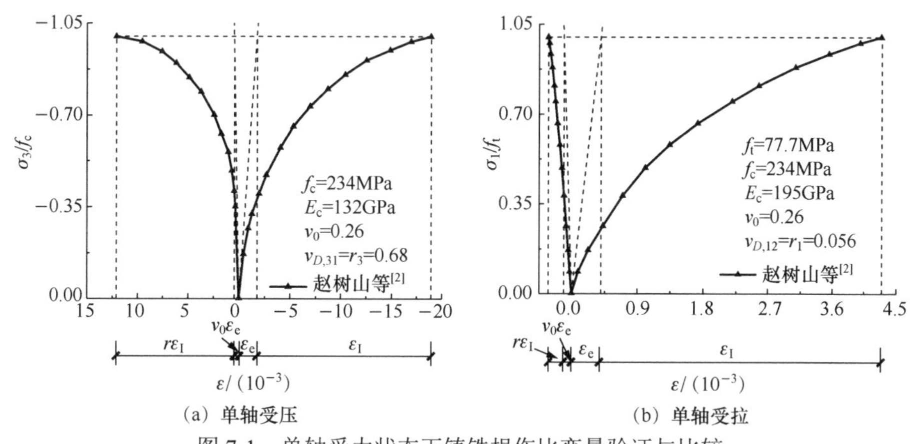

（a）单轴受压　　（b）单轴受拉

图 7-1　单轴受力状态下铸铁损伤比变量验证与比较

7.3　损伤比强度准则

7.3.1　损伤比强度准则验证与简化

1. 强度准则验证

为分析铸铁二轴损伤比强度准则的破坏包络线规律，本书收集了国内外共 154 组铸铁二轴强度的试验资料[1-5]，三参数损伤比变量表达式下由表 7-2 形成的损伤比强度准则下二轴破坏包络线及其预测值与试验值的比较如图 7-2 所示。

表 7-2　简化二轴损伤比强度准则各经验参数取值

经验参数	c_1	c_2	c_3	c_4
取值	0.11	0.75	1.1	0.3

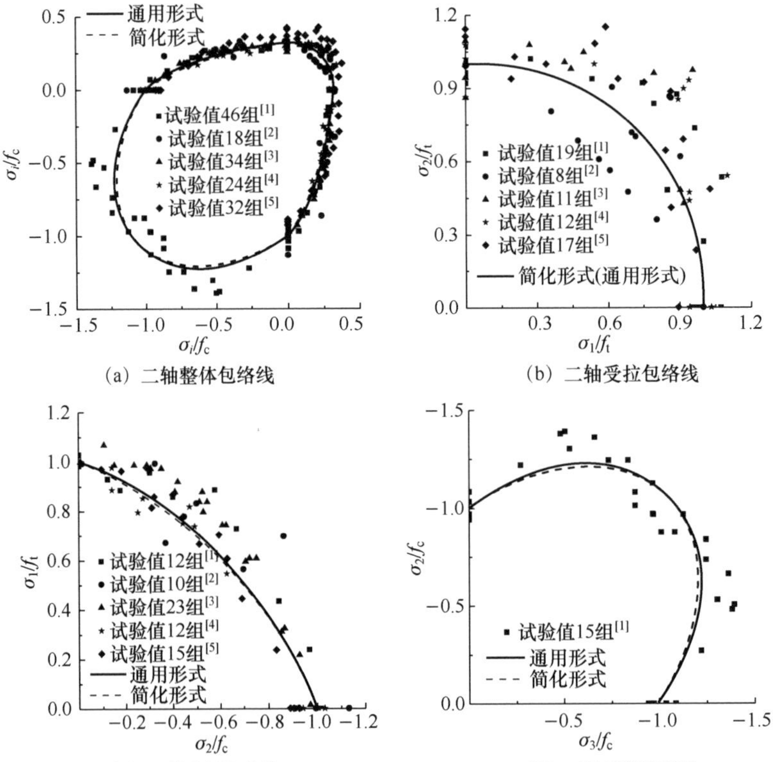

通用形式
简化形式
试验值46组[1]
试验值18组[2]
试验值34组[3]
试验值24组[4]
试验值32组[5]
0.5　0.0　−0.5　−1.0　−1.5
−1.5　−1.0　−0.5　0.0　0.5
σ_i/f_c
σ_j/f_c

(a) 二轴整体包络线

试验值19组[1]
试验值8组[2]
试验值11组[3]
试验值12组[4]
试验值17组[5]
简化形式(通用形式)
1.2　0.9　0.6　0.3　0.0
0.3　0.6　0.9　1.2
σ_1/f_t
σ_2/f_t

(b) 二轴受拉包络线

试验值12组[1]
试验值10组[2]
试验值23组[3]
试验值12组[4]
试验值15组[5]
通用形式
简化形式
1.2　1.0　0.8　0.6　0.4　0.2　0.0
−0.2　−0.4　−0.6　−0.8　−1.0　−1.2
σ_2/f_c
σ_1/f_t

(c) 二轴拉压包络线

试验值15组[1]
通用形式
简化形式
−1.5　−1.0　−0.5　0.0
−0.5　−1.0　−1.5
σ_3/f_c
σ_2/f_c

(d) 二轴受压包络线

图 7-2　损伤比强度准则下二轴破坏包络线及其预测值与试验值比较

由图 7-2 可以看出：

（1）二轴受拉应力状态时，铸铁损伤比强度准则二轴包络线光滑外凸，与试验数据规律基本一致。

（2）二轴拉压应力状态时，铸铁损伤比强度准则预测值与试验值变化规律较一致。

（3）二轴受压应力状态时，仅考虑 Lode 角 θ 对受压损伤比 v_D 影响的三参数损伤比强度准则预测值与试验值变化也基本一致，总体上破坏包络线光滑、连续、外凸。

2. 强度准则简化

为方便实际应用，式（7-1）所示各经验参数取值下的铸铁二轴损伤比强度准则可进一步简化，表 7-2 简化铸铁二轴损伤比强度准则表达式的经验参数取值见表 7-2，此时由损伤比强度准则表达式得到铸铁二轴等压强度 f_{cc}=1.054f_c。由本书建议的铸铁损伤比强度准则二轴形式（图 7-2 中表示为“通用形式”）、简化二轴损伤比强度准则（图 7-2 中表示为“简化形式”）预测值与试验值[1-5]的比较可见，简化二轴损伤比强度准则与铸铁二轴试验规律也整体一致。

7.3.2　各强度准则的比较

图 7-3 为各铸铁强度准则二轴破坏包络线比较。在本书建议的铸铁简化二轴损伤比强度准则和其他学者建议的强度准则[6-9]对应的二轴破坏包络线与试验数据的比较中鲍特金-米罗柳鲍夫准则二轴受压强度[8]预测值较大，并未将其二轴受压破坏包络线纳入图中。

二轴强度试验资料[1-5]中铸铁单轴抗压强度 f_c 与单轴抗拉强度 f_t 的比值为 2.4～3.4，各准则中的参数取值方法均为特征应力点法，为方便比较本书统一取 f_c=3.1f_t。各准则表达式及经验参数取值见表 7-3。

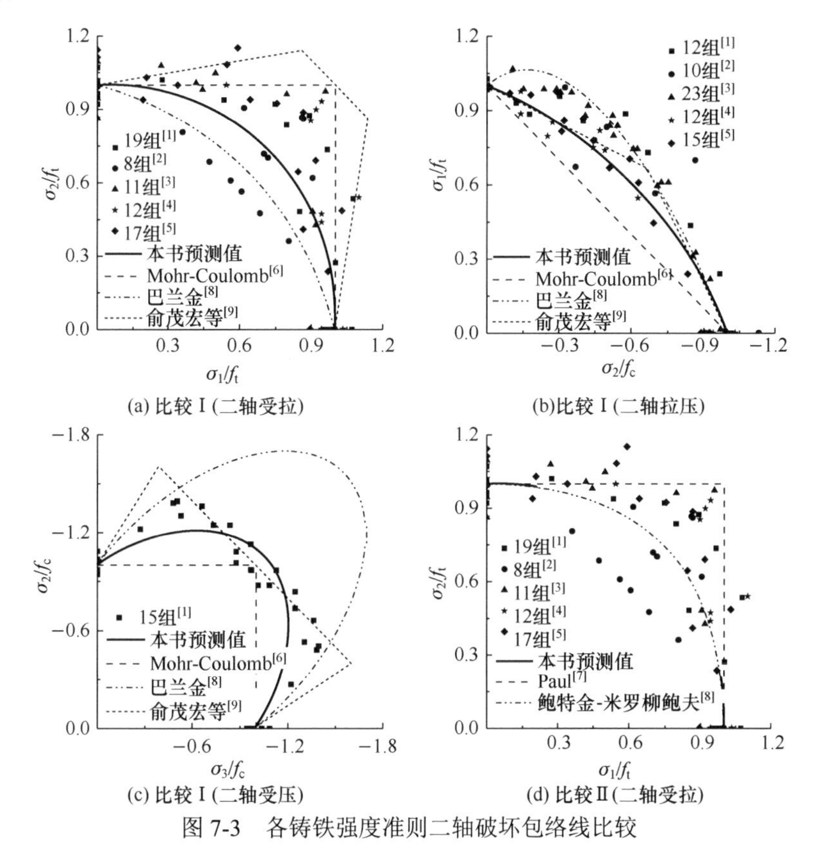

图 7-3　各铸铁强度准则二轴破坏包络线比较

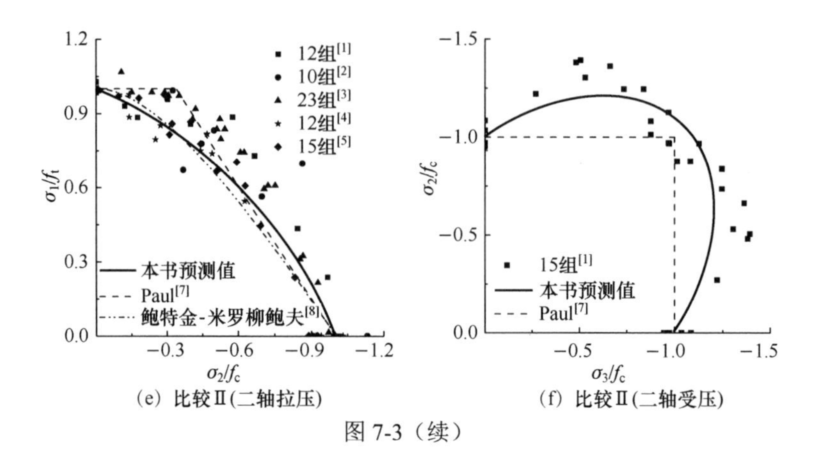

(e) 比较Ⅱ(二轴拉压)　(f) 比较Ⅱ(二轴受压)

图 7-3（续）

表 7-3　铸铁各强度准则表达式及经验参数取值

准则	表达式	经验参数数量	经验参数确定方法
Mohr-Coulomb[6]	$F=\sigma_1-\alpha\sigma_3=f_t$	1	f_c
Paul[7]	二轴受拉和受压部分：$F=\sigma_1-\alpha\sigma_3=f_t$ 二轴拉压部分： $\begin{cases}F=\sigma_1=f_t & \left[\sigma_3>f_t\left(2.04-\dfrac{1}{\alpha}\right)\right]\\ F=\alpha(2.04\sigma_1-\sigma_3)=f_t & \left[\sigma_3<f_t\left(2.04-\dfrac{1}{\alpha}\right)\right]\end{cases}$	2	f_t、f_c
巴兰金[8]	$\tau_8^2=a+b\sigma_8$	2	f_t、f_c
鲍特金-米罗柳鲍夫[8]	$\tau_8=a(b+\sigma_8)$	2	f_t、f_c
俞茂宏等[9]	$\begin{cases}F=\tau_{13}+b\tau_{12}+\beta(\sigma_{13}+\sigma_{12})=C & (F\geqslant F')\\ F'=\tau_{13}+b\tau_{23}+\beta(\sigma_{13}+\sigma_{23})=C & (F\leqslant F')\end{cases}$	2	f_t、f_c

由图 7-3 可见：

（1）二轴受拉应力状态 Mohr-Coulomb 准则[6]预测值整体偏高，而二轴拉压和二轴受压应力状态整体偏低；在拉压应力状态 Paul 准则[7]对 Mohr-Coulomb 准则[6]进行修正，此时与试验数据规律基本一致，但破坏包络线有尖角。

（2）巴兰金和鲍特金-米罗柳鲍夫八面体强度准则的二轴破坏包络线光滑连续外凸[8]，在二轴受拉和拉压应力状态与试验规律基本一致，但在二轴受压应力状态准则预测值远大于实测值。

（3）在二轴受拉应力状态时俞茂宏等双剪强度准则预测值整体偏高[9]，在二轴受压应力状态时强度预测值与试验值吻合度较低，而在二轴拉压应力状态时与试验规律基本一致，但每个应力状态下破坏包络线都有尖角。

（4）在各个应力状态损伤比强度准则的二轴破坏包络线规律均与试验规律基本一致，整体上二轴破坏包络线光滑、连续、外凸。

小　　结

（1）根据二轴强度试验数据推荐了铸铁损伤比强度准则中损伤比变量表达式的经验参数，此时损伤比变量取值得到铸铁单轴受压和单轴受拉应力状态下应力-应变曲线试验结果的验证。

（2）推荐了进一步简化的铸铁二轴损伤比强度准则表达式的经验参数取值，简化二轴损伤比强度准则对应的二轴破坏包络线与试验规律整体一致。

（3）与主要单剪强度准则、八面体强度准则和双剪强度准则相比较，各应力状态下简化二轴损伤比强度准则与试验数据符合较好。

参 考 文 献

[1] MAIR W M．Fracture criterion for cast iron under biaxial stresses[J]．Journal of Strain Analysis，1968，3（4）：254-263.

[2] 赵树山，庞宝君，张泽华．灰口铸铁横向应变系数与复杂应力状态下强度的试验研究[J]．机械强度，1998，20（1）：77-79.

[3] GRASSI R C，CORNET I. Fracture of gray cast iron tubes under biaxial stress[J]．ASME Journal of Applied Mechanics，1949，71：178-182.

[4] COFFIN L F．The flow and fracture of a brittle material[J]．ASME Journal of Applied Mechanics，1950，72：233-248.

[5] CORNET I，GRASSI R C．Fracture of inoculated iron under biaxial stress[J]．ASME Journal of Applied Mechanics，1955，77（2）：172-174.

[6] MOHR O．Welche Umstände bedingen die Elastizitätsgrenze und den Bruch eines Materials[J]．Zeitschrift des Vereins Deutscher Ingenieure，1900，44（45）：1524-1530.

[7] PAUL B. A modification of the Coulomb-Mohr theory of fracture[J]．ASME Journal of Applied Mechanics，1961，28（2）：259-268.

[8] 皮萨林科 Γ C，列别捷夫 A A. 复杂应力状态下的材料变形与强度[M]．江明行，译．北京：科学出版社，1983.

[9] 俞茂宏，何丽南，宋凌宇．双剪应力强度理论及其推广[J]．中国科学：A 辑，1985（12）：1113-1120.

附录一　损伤比强度准则表达式及各经验参数取值

附 1.1　三轴损伤比强度准则

各应力空间下材料三轴损伤比强度准则表达式见附表 1-1。

附表 1-1　各应力空间下材料三轴损伤比强度准则表达式

应力状态	主应力形式
三轴受拉	$\sigma_1^2+\sigma_2^2+\sigma_3^2-2v_{D,\mathrm{t}}(\sigma_1\sigma_2+\sigma_2\sigma_3+\sigma_1\sigma_3)=f_\mathrm{t}^2$
二轴受拉一轴受压	$\frac{\sigma_1^2}{f_\mathrm{t}^2}+\frac{\sigma_2^2}{f_\mathrm{t}^2}+\frac{\sigma_3^2}{f_\mathrm{c}^2}-\left[2v_{D,\mathrm{t}}\frac{\sigma_1\sigma_2}{f_\mathrm{t}^2}+(v_{D,\mathrm{c}}+v_{D,\mathrm{t}})\frac{\sigma_1\sigma_3}{f_\mathrm{t}f_\mathrm{c}}+(v_{D,\mathrm{c}}+v_{D,\mathrm{t}})\frac{\sigma_2\sigma_3}{f_\mathrm{t}f_\mathrm{c}}\right]=1$
一轴受拉二轴受压	$\frac{\sigma_1^2}{f_\mathrm{t}^2}+\frac{\sigma_2^2}{f_\mathrm{c}^2}+\frac{\sigma_3^2}{f_\mathrm{c}^2}-\left[(v_{D,\mathrm{c}}+v_{D,\mathrm{t}})\frac{\sigma_1\sigma_2}{f_\mathrm{t}f_\mathrm{c}}+2v_{D,\mathrm{c}}\frac{\sigma_2\sigma_3}{f_\mathrm{c}^2}+(v_{D,\mathrm{c}}+v_{D,\mathrm{t}})\frac{\sigma_1\sigma_3}{f_\mathrm{t}f_\mathrm{c}}\right]=1$
三轴受压	$\sigma_1^2+\sigma_2^2+\sigma_3^2-2v_{D,\mathrm{c}}(\sigma_1\sigma_2+\sigma_2\sigma_3+\sigma_1\sigma_3)=f_\mathrm{c}^2$

考虑 Lode 角 θ 和静水压力对受压损伤比 $v_{D,\mathrm{c}}$ 共同影响，以及受拉损伤比 $v_{D,\mathrm{t}}$ 影响的六参数损伤比变量表达式：

$$\begin{cases} v_{D,\mathrm{c}}=\left(a_1\dfrac{\sigma_8}{f_\mathrm{c}}+a_2\right)\cos(a_3\theta)+\left(a_4\dfrac{\sigma_8}{f_\mathrm{c}}+a_5\right)\left(\dfrac{\theta}{\pi}\right)^2 \\ v_{D,\mathrm{t}}=a_6 \end{cases} \tag{附 1-1}$$

式中经验参数 a_1～a_6 推荐取值见附表 1-2。

附表 1-2　损伤比变量各经验参数取值

材料类型	a_1	a_2	a_3	a_4	a_5	a_6
铸铁	0	0.55	0	0	1.35	0.055
（钢纤维）轻骨料混凝土	0.11	0.8	0	0.62	1.8	0.1
（再生）混凝土	0.007	0.7	1.5	0.18	9.9	0.15
纤维混凝土	0.01	0.74	1.2	0.42	8.8	0.15
岩石 I 类	0.016	0.8	1.8	1.4	18.4	0.15
岩石 II 类	0.006	0.85	2	1.6	24.1	0.15

附 1.2　围压三轴损伤比强度准则

围压三轴受力状态下（σ_1=σ_2≥σ_3），一经验参数的围压三轴损伤比强度准则为

$$\frac{\sigma_3}{f_c}=-1+b_1\frac{\sigma_1}{f_c} \tag{附 1-2}$$

式中：b_1 为侧压系数，推荐取值见附表 1-3。

附表 1-3　围压三轴损伤比强度准则的经验参数取值

材料类型	（钢纤维）轻骨料混凝土	（再生）混凝土	纤维混凝土	岩石 I 类	岩石 II 类
b_1	2.1	3.4	3.66	5.0	6.2

附 1.3　简化二轴损伤比强度准则

简化二轴损伤比强度准则表达式见附表 1-4。

附表 1-4　简化二轴损伤比强度准则表达式

应力状态	二轴受拉	二轴拉压	二轴受压
表达式	$\frac{\sigma_1^2}{f_t^2}+\frac{\sigma_2^2}{f_t^2}-c_1\frac{\sigma_1\sigma_2}{f_t^2}=1$	$\frac{\sigma_1^2}{f_t^2}+\frac{\sigma_3^2}{f_c^2}-c_2\frac{\sigma_1\sigma_3}{f_tf_c}=1$	$\frac{\sigma_2^2}{f_c^2}+\frac{\sigma_3^2}{f_c^2}-\left[c_3+c_4\left(\frac{\sigma_2-\sigma_3}{\sigma_2+\sigma_3}\right)^2\right]\frac{\sigma_2\sigma_3}{f_c^2}=1$

注：式中参数 c_1～c_4 取值及二轴等压强度 f_{cc} 与单轴抗压强度 f_c 比值见附表 1-5。

附表 1-5　简化二轴损伤比强度准则的各经验参数取值

材料类型	c_1	c_2	c_3	c_4	f_{cc}/f_c
铸铁	0.11	0.75	1.1	0.3	1.054
（再生）混凝土	0.3	1.15	1.388	0.79	1.277
（钢纤维）轻骨料混凝土	0.2	1.1	1.408	0.47	1.298
纤维混凝土	0.3	1.34	1.460	0.92	1.360
岩石 I 类	0.3	1.7	1.568	2.22	1.520
岩石 II 类	0.3	1.9	1.685	3.3	1.783

附 1.4　单轴、二轴损伤比取值

典型应力状态下损伤比取值见附表 1-6。

附表 1-6　典型应力状态下损伤比取值

材料类型	单轴受拉损伤比 $\left(v_{D,t}^{u}\right)$	单轴受压损伤比 $\left(v_{D,c}^{u}\right)$	双轴等压损伤比 $\left(v_{D,c}^{b}\right)$
铸铁	0.055	0.70	0.55
（钢纤维）轻骨料混凝土	0.10	0.94	0.704
（再生）混凝土	0.15	1.09	0.694
纤维混凝土	0.15	1.19	0.730
岩石Ⅰ类	0.15	1.74	0.784
岩石Ⅱ类	0.15	2.19	0.843

附录二　与本书有关的学术论文

丁发兴，吴霞，向平，等，2020. 混凝土与各向同性岩石强度理论研究进展[J]．工程力学，37（2）：1-15.

丁发兴，吴霞，向平，等，2021．多类混凝土和各向同性岩石损伤比强度准则[J]．土木工程学报，54（2）：50-64.

丁发兴，吴霞，向平，等，2022. 钢纤维混凝土多轴损伤比强度准则[J]．工程力学，39（6）：15-24.

丁发兴，余志武，2007. 基于损伤泊松比的混凝土多轴强度准则[J]．固体力学学报，28（1）：13-19.

DING F X，WU X，GAO W，et al.，2022. Damage ratio strength criterion for cast iron [J]. Journal of Materials Research and Technology，18：5362-5369.

DING F X，WU X，XIANG P，et al.，2021．New damage ratio strength criterion for concrete and lightweight aggregate concrete[J]．ACI Materials Journal，118（6）：165-178.

DING F X，YU Z W，2006. Strength criterion for plain concrete under multiaxial stress based on damage Poisson's ratio [J]．Acta Mechanica Solida Sinica，19（4）：307-316.

WU X，DING F X，XIANG P，et al.，2022. Multiaxial damage ratio strength criteria for fiber-reinforced concrete [J]. Journal of Engineering Mechanics，14:（7）：04022029.